JN009087

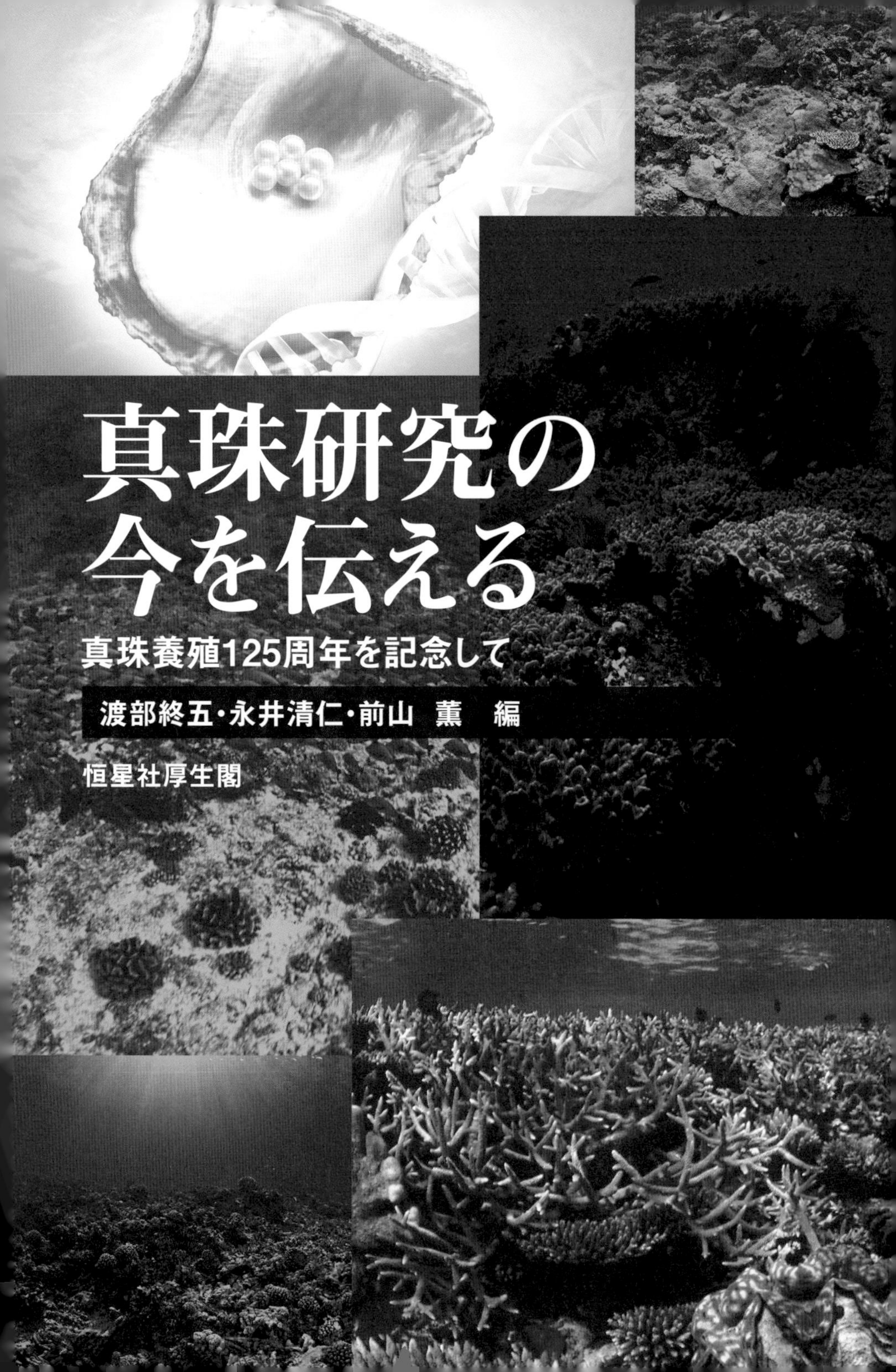

真珠研究の今を伝える

真珠養殖125周年を記念して

渡部終五・永井清仁・前山　薫　編

恒星社厚生閣

刊行に寄せて

真円真珠養殖技術は日本発の独自技術であり，この発明によりそれまでは王侯貴族にしか手が届かなかった真珠が，世の中に広まることに貢献しました．まさに日本が真珠文化を世界に広めたといえます．

現在真珠養殖現場で用いられている手法も，基本的には百数十年前に発明された技術が使用されており，明治時代の先達がかけた情熱の恩恵を受けています．また，今では真珠生産地は世界に広まり，様々な真珠貝品種を使い，現地の労働力により養殖真珠が生産されていますが，使われている原理は同様に日本人が開発したものです．

この日本発の養殖真珠文化をより世界に広めるために，2016年に真珠振興法が制定されました．この基本方針には，真珠産業の振興のための施策に関する事項として，生産者の経営安定，生産性および品質の向上の促進，漁場の調査，漁場の維持または改善，加工および流通の高度化，輸出の促進，研究開発の推進，人材の育成および確保，が挙げられています．

真珠養殖は自然との闘いです．海産真珠養殖では，季節ごとに変化する，水温，塩分濃度，餌料となるプランクトンの種類や量，付着物の種類や量などによる貝の状態の変化を常に観察し，貝の健康状態を常に良い状態に保つ努力が欠かせません．また，台風，赤潮，病害など自然災害に対する注意も怠ることはできません．

養殖真珠生産者は，これらに万全の注意を払いながら良質な真珠の生産に励んでいます．しかし，昨今地球温暖化の影響か，海洋環境の変化が激しくなり，この影響により真珠貝が疲弊したり斃死したりする事例が起こっています．養殖真珠生産現場では，このような環境下でも良質な真珠が生産できる優良真珠母貝の作出が望まれています．

現在，真珠貝遺伝子情報の解読が進み，真珠形成遺伝子が特定され，これを応用した遺伝子レベルの研究が進んできました．このような研究を積み重ねて，良質な真珠を生産できる優良母貝を作出することが，今後の真珠産業の発展に大きく貢献すると思われます．

今回，真珠研究に携わるすべての研究者が一堂に会し，研究成果を交換するシンポジウムが開かれたことは，今後の真珠研究の進展を期待させる誠に喜ばしい出来事です．

本書の刊行が，真珠に関わる全ての関係者が一丸となって，日本発の真珠文化をより一層世界へ浸透させていくことのきっかけになる事を祈願いたします．

一般社団法人　日本真珠振興会
須藤雄二

刊行に寄せて

2019 年 9 月中旬に，ロイヤル・ソサエティ（イギリス）主催の「軟体動物のゲノム」に関する研究者会議に出席する機会を得た．この分野の世界の精鋭が集まり，次々に発表される軟体動物のゲノム解読と，それを基盤とした基礎・応用研究の発展に強い感銘を受けた．ゲノム情報は全ての研究に必要・不可欠なものである．私達は日本の多くの研究者と共同でアコヤガイのゲノムを 2012 年に解読し，また 2016 年にはその改良版を発表している．しかし，より精密なゲノム情報の基盤整備が急務であることを痛感した．

しかし一方で，こうした最前線の研究を聞きながら深く感じたことは，ゲノム研究の主体として鎮座するアコヤガイという生物の大きさとその広がりである．これは発表された他のどの軟体動物の比ではない．19 世紀の末に御木本幸吉が開発した人為的真珠作製技術，そしてそれを応用した真珠養殖の改良と発展．以来，アコヤガイを使った真珠生産は日本を代表する，そして誇るべき水産業の地位を保持している．しかし，急激な地球規模での環境変化に伴って，アコヤガイによる真珠養殖は今さまざまな問題に直面している．産官学の協力によってそれをどう乗り越え，真珠養殖の新しい輝きを生み出せるのか．そのためには，いま我々はアコヤガイについてどれだけの知識を得たのかを正確に把握しておく必要がある．本書の刊行はそのためのまたとないものである．ぜひ多くの方々に読んでいただき，次に何が必要なのかを考えるヒントにしていただきたい．

沖縄科学技術大学院大学
佐藤矩行

はじめに

わが国で，1893年に御木本幸吉が世界で初めて真珠養殖を成功させてから，昨年の2018年で125周年を迎えた．御木本が技術開発した養殖真珠は，その後，生産技術に改良が重ねられ，1920年代にはほぼ完成した．真珠は生物が作り出す宝石で，その輝きと美しさは世界中で愛されている．2016年5月の第42回先進国首脳会議（G7伊勢志摩サミット）で，各国首脳および配偶者に寄贈された真珠ラペルピンは記憶に新しい．このラペルピンは3～5 mmの7個の小珠の養殖真珠（厘珠）がちりばめられていた（図1）．その輝きの原点である真珠層の形成機構の謎は，今でも世界中の研究者を魅了している．

かつて真珠はわが国の最大の輸出産業の一つであった．第二次大戦後の1952年に真珠養殖事業法が制定され，国立の真珠研究所や真珠検査所が開設されて，養殖真珠の産業振興が図られた．さらに，真珠養殖用の資材や機材の近代化も進んだ．一方，地方自治体の研究機関や大学のほか，民間でも真珠品質の向上や生産の安定的拡大のための研究が精力的に取り組まれ，わが国の真珠研究は世界の最先端を担った．1960年代の過剰生産による価格低迷から脱却して，1980年代には生産安定期に入ったが，1990年代になって養殖環境の悪化，病気の問題，経済の減速などで生産が大きく落ち込んだ．このような状況にありながらも，真珠養殖事業法は一定の役割を終えたとして1999年に廃止された．最近の景気回復から，ようやく価格が安定してきたが，真珠養殖では良質な真珠を生産する真珠母貝の確立など，未だに多くの問題が残されている．このような状況に対処するために，真珠産業振興のための新たな法律（平成28年法律第74号，通称：真珠振興法）が2016年6月7日に公布された．この法律に基づき，一般社団法人日本真珠振興会を事務局とする真珠産業連携

図1　2016年G7伊勢志摩サミットで各国首脳に寄贈された真珠ラペルピン．
（三重県真珠振興協議会 http://www.mie-pearl.com/lapelpin.html から引用）

強化協議会が設立され，真珠養殖業等連携強化・成長展開事業を行うことになった．

このような新たな状況の下，わが国の真珠研究者が一体となり，真珠業界と連携を取りながら真珠研究を行う体制を確立する機運が高まりつつある．その実現のためには，わが国の今までの真珠研究の歴史を整理するとともに，最新の研究内容を取りまとめておく必要がある．幸運にも，このようなときに，2018 年 11 月 30 日，12 月 1 日の 2 日間にわたり，わが国の第一線の真珠研究者が集まり，養殖真珠の発祥の地である鳥羽市にて真珠研究シンポジウム 2018 が開催された．本書はそのときの講演の内容を取りまとめたもので，本書がわが国の真珠研究の進展，真珠産業の発展の礎になれば幸いである．

最後になるが，本書の編集に力添えを頂いた恒星社厚生閣の小浴正博氏に感謝の意を表する．

2019 年 12 月 12 日

北里大学海洋生命科学部　渡部終五
株式会社ミキモト 真珠研究所　永井清仁
御木本製薬株式会社　前山　薫

執筆者等一覧（50音順）　＊は編集者

青木秀夫　1966年生，東京水産大学大学院水産学研究科博士課程修了．
博士（水産学）．
現在，三重県農林水産部水産資源・経営課水産増殖班長．

浅川修一　1964年生，東京大学大学院工学系研究科博士課程修了．
工学博士．
現在，東京大学大学院農学生命科学研究科教授．

淡路雅彦　1957年生，東京大学大学院農学系研究科博士課程中退．
農学博士．
現在，国立研究開発法人水産研究・教育機構増養殖研究所研究員．

岩井俊治　1977年生，北海道大学大学院理学研究科博士課程修了．
博士（理学）．
現在，愛媛大学大学院農学研究科研究員．

柿沼　誠　1970年生，東京大学大学院農学生命科学研究科博士課程修了．
博士（農学）．
現在，三重大学大学院生物資源学研究科教授．

木下滋晴　1974年生，東京大学大学院農学生命科学研究科博士課程修了．
博士（農学）．
現在，東京大学大学院農学生命科学研究科准教授．

篠原幹拓　1989年生，東京大学大学院農学生命科学研究科博士課程修了．
博士（農学）．
現在，株式会社日本入試センター SAPIX 小学部教師．

鈴木道生　1980年生，東京大学大学院農学生命科学研究科博士課程修了．
博士（農学）．
現在，東京大学大学院農学生命科学研究科准教授．

竹内　猛　1980年生，筑波大学大学院生命環境科学研究科博士課程修了．
博士（理学）．

現在，沖縄科学技術大学院大学マリンゲノミックスユニット研究員．

*永井清仁　1957年生，東京水産大学水産学部卒．農学博士．
現在，株式会社ミキモト 真珠研究所シニアフェロー．

中易千早　1966年生，東京水産大学大学院水産学研究科博士課程修了．博士（水産学）．
現在，　国立研究開発法人水産研究・教育機構増養殖研究所魚病研究センター長．

服部文弘　1973年生，岐阜大学大学院工学研究科修士課程修了．
博士（医学）．
現在　御木本製薬株式会社商品開発部長．

*前山　薫　1961年生，三重大学大学院工学研究科博士課程修了．
博士（工学）．
現在　御木本製薬株式会社取締役．

正岡哲治　1968年生，広島大学大学院生物圏科学研究科博士課程前期修了．博士（水産科学）．
現在，国立研究開発法人水産研究・教育機構増養殖研究所主任研究員．

松山知正　1973年生，鹿児島大学大学院連合農学研究科博士課程修了．博士（水産学）．
現在，　国立研究開発法人水産研究・教育機構増養殖研究所免疫グループ長．

三浦　猛　1962年生，北海道大学大学院水産学研究科博士課程修了．
水産学博士．
現在，愛媛大学大学院農学研究科教授．

安元　剛　1977年生，徳島大学大学院薬学研究科博士課程修了．
博士（薬学）．
現在，北里大学海洋生命科学部講師．

*渡部終五　1948年生，東京大学大学院農学系研究科博士課程修了．
農学博士．
現在，北里大学海洋生命科学部特任教授，東京大学名誉教授．

目　次

1章　養殖真珠研究の歩み

永井清仁[1)]

古来より，貝は人間の生活に密接に関わり，食用としてだけでなく，道具や遊具として，また装飾や宝物，或いは貨幣として重宝されてきた．貝は体の外側に生体鉱物である硬い貝殻を形成し，貝殻は生体を保護するとともに外敵から防衛している．それが何らかのきっかけにより，貝の体内で，この貝殻を形成する機能の働きにより球形状の生体鉱物ができた．それが真珠である．真珠は，水圏環境の中で貝という生物の生命活動で作られる生体鉱物であり，生きた貝の中から偶然見つかる希少性と独特の光沢から，信仰や富の象徴として世界各地で珍重されてきた．そしてその輝きは長年にわたり保たれ，特に欧州の貴族など特権階級の人々の間で大変高価な宝飾品として愛好されてきた．

真珠の成因に関する科学的研究は 16 世紀半ばに始まり，18 世紀から 20 世紀初頭にかけて欧州を中心に真珠の成因が集中的に研究された（Haas, 1931；松井，1965）．しかし，真珠を人為的に生産する産業として発展するには至らなかった．一方，日本では，御木本幸吉が 1893 年に半円真珠を産出して装身具への道を開拓し，真珠生産の産業化の礎を築いた．その後，明治末期から大正期にかけて真円真珠の生産技術が確立し，養殖技術が改良されるとともに様々な管理技術が飛躍的に向上し，基本的な真珠養殖技術体系は昭和初期にほぼ完成の域に達した．そして，真珠の形成原理のみに止まらず，日本人の洗練された技術と熟練の技能をもって量産化への生産技術が改善され，養殖真珠という新たな宝飾市場が開拓されたことで，今や養殖真珠産業は世界の産業にまで発展した．しかし，今日，沿岸整備や環境汚染による生息海域の減少に加え，赤潮や病気の蔓延などで天然の生物資源は激減している．

真珠は天然水域の中で生物が時間をかけて産出される宝飾品であるが故に，産業基盤である自然環境と生物に対するより深い理解が大切である．将来における養殖真珠産業の持続的発展のためには，研究の歴史から宝石としての価値

1）㈱ミキモト 真珠研究所

ある養殖真珠の本質を理解した上で，さらなる知見の蓄積が必要である．今後，養殖真珠産業の発展を目指すために，ここに真珠研究の歴史を紐解いてみたい．

1・1　養殖真珠産業形成における研究

1）真珠成因の研究の歴史

海から採れる貝の中にごく稀に見つかる美しく輝く真珠は，一部の特権階級の人々の間で大変高価な宝石として珍重され，エジプト，中国，インド，ペルシャ，ローマなど世界各地で紀元前から愛好されてきた．また，自然界の特別な存在として，不老長寿の妙薬など，薬や化粧品としても用いられてきた（西川，1904；Kunz and Stevenson, 1908）．

紀元 1 世紀のローマの博物学者大プリニウス（Gaius Plinius Secundus）の大著『博物誌』に記載された「真珠は，露が作り，その質によって真珠の色に影響を及ぼす」という「露成因説」は，1 ～ 11 世紀頃まで広く信じられてきた．真珠は，自然界の何らかの偶然のきっかけで貝の体内に真珠の種を宿し，貝の体内でできるものであることは古くから理解されていた．しかし，その成因は神秘に包まれていた（Kunz and Stevenson, 1908）．

16 世紀後半から 17 世紀にかけて，「病気成因説」，「卵成因説」，「砂粒成因説」が提唱され，それまで広く信じられてきた「露成因説」は完全に否定された（Kunz and Stevenson, 1908；藤田，1923；松井，1965；Matsui, 1975）．18 世紀には，フランスの Reaumur が，真珠貝の体内で分泌された結成物の塊こそが真珠であり，異物の侵入や外的刺激によって貝殻を形成する外套膜の破損により真珠ができるという現代の真珠成因の核心に通じる説を提唱した（Reaumur, 1717）．

真珠成因の解明において最も重要な知見は，真珠袋の発見と真珠袋内での真珠の形成である．19 世紀中頃に，ドイツの Hessling は組織学的観察から，何らかの刺激によって外套膜の上皮細胞が貝の体内に侵入して嚢胞を作り，その嚢胞内で真珠が形成されることを発見した．Hessling が発見した嚢胞は，後にフランスの Diguet により「*sac de la perle*（真珠袋，pearl sac）」と命名され，真珠は外套膜の細胞と同質の細胞で構成されている嚢胞（真珠袋）の中でできることを指摘した（Hessling, 1858, 1859；松井，1965）．その後，真珠袋が真珠の成因に関係していることを多くの研究者らが気付き，真珠袋がどのようにしてできるかが議論の的となった．

19世紀における真珠成因は，寄生虫説が多くの研究者に支持されていた．さらに20世紀初頭には，イギリスのJamesonやフランスのBoutanは，真珠袋の中で真珠ができるが，真珠袋の形成要因として寄生虫がその成因に関わっていることを報告した（Jameson, 1902；Boutan, 1903）．しかし，研究者の多くが寄生虫説を認めながらも，その後の研究を通じて，真珠の成因は寄生虫に限らないことに次第に気づき始めてきた．1911年，ドイツのRubbelは，従来の寄生虫成因説を否定し，外套膜の上皮細胞の一部が侵入した異物を囲い，体内に真珠が形成されるとした（Rubbel, 1911）．1912年には，JamesonもRubbelと概ね同様の結論に至り（Jameson, 1912），20世紀初頭の考え方は，真珠の形成に重要なのは核を成す物質ではなく，外部からの何らかの刺激を受けて外套膜の上皮細胞が体内組織に落ち込み，真珠袋を構築し，その袋内で真珠が形成されることに到達しつつあった．1913年に，ドイツのAlverdesがホンカワシンジュガイを用いた実験で真珠を作り出すことに成功し（Alverdes, 1913），真珠の形成は，「真珠袋が重要で，外来の核は真珠袋を形成する上の一つのきっかけである」として真珠成因の議論に決着がついた．

このように，欧州における当時の真珠研究は，その科学的メカニズムを解明することに重点が置かれ，日本で花開いた真珠の養殖技術の開発や産業化を目指す研究は，欧州では必ずしも成功には至らなかった．

2）真珠養殖の試み

真珠を人の手で創出したいという願いは，世界中で夢見られた．世界で真珠養殖の取り組みに関する最も古い記録が残されているのは中国である．1168年に刊行された文昌雑録（Wenchangzalu）の中に，人工真珠の形成法が記録されている（Matsui, 1975）．Yangは，秘かに浙江省の菱湖に生息する淡水産二枚貝のカラスガイを用いて1082年に貝付半形真珠を生産した．その後，1127年に菱湖においてFouは，Yangが開発した貝付半形真珠の秘伝を研究し，独創で鉛の薄板に仏像を打刻したものをカラスガイに挿入して貝付仏像真珠養殖に成功している（菅原，1978）．それらは装飾品や護符として，また貝殻についたままでお土産品として売られていたようである．しかし，これらの事業が宝飾産業にまで発展することはなかった．

真珠を人の手で創出する試みは，その後欧州においても盛んにおこなわれた．18世紀に，スウェーデンのLinnaeusは，淡水産二枚貝の貝殻に穴を開け，貝殻と外套膜の間に銀製の針金で石灰の小球を挿入し，人工的に真珠を生産する実験をおこなっていた．さらには，19 世紀から 20 世紀初頭にかけて，世界各地で事業化を目論む真珠作りが試みられた．真珠形成方法としては，主として Linnaeus による方法や寄生虫を感染させて真珠を形成させることが試みられた（Kunz and Stevenson, 1908）．

1825 年に Gray は，Linnaeus の方法を発展させ，真珠層片を貝殻と外套膜の間に入れることで人工的に真珠が作れることを発表した後に，Waltl は Gray の方法で真珠を作ることを企てたが不成功に終わっている（Haas, 1931, 1933）．貝殻と外套膜の間に小球を挿入して半形真珠を作る試みが 1884 年のフランス領ポリネシア・タヒチでのクロチョウガイ（Bouchon-Brandely, 1885），フランスでのアワビ（Boutan, 1898），アメリカのカリフォルニア州沿岸でのアワビでなされ，実験での成功例が報告されてはいるものの，実用化や事業化には至らなかった（久米，1953）．

会社を設立し，事業レベルで真珠貝の繁殖や真珠養殖の試みも世界各地でなされている．Saville-Kent は，オーストラリアのトレス海峡で真珠養殖試験をおこない，半形真珠を作ることに成功し，1906 年に会社を設立し養殖を計画したが，1908 年に死去し，事業は中断した．残念ながら，Saville-Kent による真珠の形成方法は，その技術の詳細を示す資料がほとんどなく，明らかでない．

Clark は，1909 年にオーストラリアのトレス海峡のシロチョウガイとクロチョウガイで（Dakin, 1913），同じ頃に，アメリカの Vives はメキシコの La Paz でクロチョウガイとアワビで，Seale はフィリピンのスールー諸島に生息するシロチョウガイで，Haynes は西オーストラリアのモンテベロ諸島のモスソアコヤガイで養殖を試みているが，いずれも事業は不成功に終わっている（Kunz and Steveson, 1908）．また 1909 年頃，アメリカの Solomon は，メルギー諸島に生息するシロチョウガイで半形真珠の養殖生産に成功して，1911 年と 1912 年の 2 年間，ロンドンおよびニューヨークの市場で販売したが，後に事業は中止された（久米，1953）．

20 世紀初頭に，Dubois らにより寄生虫を用いてアコヤガイで真珠を生産しようとする試みもなされたが，いずれも失敗し事業は解消された（西川，1907）．

以上のように，真珠養殖の事業レベルでの試みは，19 世紀末から 20 世紀初頭にかけて，世界中でチャレンジされたが，日本のような宝飾品としての養殖真珠産業にまで発展することはなかった．

1・2　日本における養殖真珠産業の発展

1）養殖真珠産業基盤の形成

日本では，古くからアコヤガイやアワビから天然真珠が採取され重宝されてきた．三重県伊勢志摩に位置する英虞湾では高値の輸出用天然真珠が採取されていたが，母貝の乱獲でアコヤガイが激減し，天然真珠の採取が危惧されていた．日本の養殖真珠産業の歴史は，1888年にアコヤガイの増養殖に着手し，そのアコヤガイを用いて宝石としての真珠作りに大望を抱いた御木本幸吉が，1890年に本格的に真珠養殖の実験を開始し，真珠研究にも精通していた東京帝国大学の箕作佳吉教授に会い，人の手で真珠を作ることが可能であることを確信したことに始まる．

御木本と箕作との共同研究は，岸上鎌吉らの助言も得て，養殖事業確立に向けた技術開発と学理的側面からの究明に注力し，日本における養殖真珠産業化への道を切り開き，後に大きな成功へと導いた．箕作の教示を得て，養殖真珠事業の実験に着手した御木本は，1893年に半形真珠（当時，御木本は半円真珠と称していた）の養殖に成功，それを皮切りに日本において真珠養殖事業に向けての取り組みが本格的にスタートした．そして彼は1899年に初めて半円真珠を使った装身具を販売し，養殖真珠を宝飾品として取り扱う新たな市場を開拓し始めた．さらに養殖真珠事業の基盤を築くとともに，養殖真珠を宝石の一つとして位置づけ養殖真珠産業を一大宝飾産業にまで発展させた．

2）真円真珠の生産技術の開発

現在，真円の養殖真珠は，日本のみならず，オーストラリア，フィリピン，インドネシア，ミャンマー，フランス領ポリネシア，中国など世界各地で，アコヤガイ，シロチョウガイ，クロチョウガイ，および淡水産真珠貝のヒレイケチョウガイなどの各種真珠貝を用いて，商業ベースで生産されているが，その真珠養殖の基本技術は，御木本らにより日本で開発された技術体系が基盤となっている．

養殖真珠産業の歴史において，1907年に真円真珠形成法の特許を申請した御木本，西川藤吉，見瀬辰平は真円真珠[2]の発明者であり，彼らの功績が大い

2）　全面が真珠層に覆われた真珠

に称えられている．御木本の多徳島の研究室では，1902 年に歯科医の桑原乙吉も加わり，真円真珠の研究に力を注いだ．桑原は，歯科手術の器具であるクランプホーセップスを改良して貝殻を開ける開殻器を開発し，貝の手術を容易にできるようにした．この器具は，現在でも挿核手術に使用されている．

御木本は，1905 年に養殖中の貝から全面が真珠層に覆われた真珠を見出し，これを成功の証として真円真珠の形成技術を開発した．貝殻の蝶番《ちょうつがい》付近の外套膜を陥没させて真珠核を埋め込む方法である．1905 ～ 1907 年に，この技法で施術された養殖貝から 1907 年の冬に真珠を収穫し，同年に特許が申請されて 1908 年に認可された．明治 38 年に技術が確立したことから，明治式（38 式）と命名されている．

多徳島の研究室には，農商務省の専門技師である西川が赤潮調査に度々訪れた．1905 年の赤潮の調査の機会に真珠研究に専心するため，東京帝国大学に復職し，一時期，彼は多徳島の研究室で共同研究をおこなった．その後，西川は，独自に三崎臨海実験所で学術的側面から真珠養殖技術の精力的な研究を進めた．彼は，外套膜小片を貝の体内に移植する真円真珠形成法を考案し，現在の挿核技術である「ピース式」の原形を 1907 年に確立して一連の特許を申請し，1916 年と 1917 年に認可された．西川と御木本との契約により，西川の技法を用いた実証実験として，英虞湾で 1907 年 9 月から 3 年にわたって挿核手術が実施された．

見瀬もまた，真珠に魅せられて真珠養殖に関する独自の研究を進めていた．彼の技法は，先端を鋭利に加工した特殊な注射針をアコヤガイの外套膜組織内に挿入し，針の先端により切り離された外套膜の上皮細胞とともに極小の銀製の核を注入する真珠形成法である．1907 年に真円真珠養殖法として管針の特許を申請し，同年に認可された．これらの特許取得は，欧州よりも早く日本で真珠の成因が明らかにされ，日本で真円真珠が人工的に作出された証でもある．しかし，残念ながら当初の技術は，甚だ生産効率が悪く，すぐに商業ベースで産業化できるものではなかった．

西川の技術は，後に，西川の弟子でもある藤田昌世によって改善され，そして普及した．この技法は，「ピース式」と称され，現在も真珠の養殖技法として広く使われているものである．西川の技法は外国にも浸透し，1914 年にオーストラリアにて特許が認可されている．一方，見瀬は，その後の研究成果を併せて「誘導式」として 1917 年に真珠形成法の特許を申請し，1920 年に認可された．これは，貝の肉部と外套膜が連結する部分から外套膜外皮に向けて数個の毛細孔を作り，毛細孔に接して核を挿入し，核の周囲に外套膜の外面上皮細胞を誘導して真珠袋を作らせ，真珠を形成させる方法である．

御木本は，その後，新たな真珠形成法として1918年に「全巻式」の特許を申請し，1919年に認可された．この技法は，貝殻を丸くした核を外套膜組織で包囲して形を整え，貝体内の生殖巣に挿入するというものである．この方法は，天然真珠に匹敵する品質価値を有し，従来に比べて大きい真円真珠の量産化を可能とし，商業ベースで生産されるようになった．このように3者の真円真珠形成法の特許は，それぞれに特徴があり，当時，世界の最先端を走っていた．

3）養殖真珠市場の開拓

今日では真珠といえば養殖真珠が一般的になり，世界中に広く知られた宝石として認知されるようになった．全巻式による真円真珠形成法により，1918年には事業化の目処が立ち，御木本は，この方法で生産した真円養殖真珠を世界の天然真珠市場の中心であった欧州で販売することに着手し，初めてロンドンで売り出した．しかし，養殖真珠の欧州市場への進出は，当時の宝石商たちに衝撃を与え養殖真珠は攻撃の的となった．養殖真珠は，本物か偽物か？　詐欺と断定するほどの激しい攻撃はパリに飛び火し，輸入禁止運動など様々な妨害運動が繰り広げられた．

この騒動は，後に「パリ裁判」に発展し，フランス商工組合は，養殖真珠は偽物であることを証明しようとした．しかし，オックスフォード大学のJamesonやボルドー大学のBoutanなど，真珠に精通する高名な学者らが証人に立ち，「養殖真珠が，その成り立ち，構造から見ても，天然真珠と本質的に変わるところがない」とする科学的見解を支持し，1927年にフランス裁判所より，「養殖真珠は天然真珠と変わらぬもの」との判決を得るに至った．このような過程を経て，養殖真珠は宝石の一つとして世界の宝飾市場にはじめて認められるようになった．御木本らは養殖真珠の生産技術を具体的に開発し，真円養殖真珠の事業化に成功するとともに，いち早く宝飾品としての市場を開拓し，世界に先駆けて産業化に成功した（Nagai, 2013）．宝飾市場の中で，日本が開拓して形成した養殖真珠市場は，今日，宝飾産業の一大市場を担っている．

4）養殖真珠産業の確立

天然真珠が偶然に作られる仕組みを応用し，宝石的価値をもつ真珠を作り出すことに成功し，真珠の品質を宝石の水準にまで高める技術開発が多くの人によって精力的に進められた．真円真珠の養殖技術が開発された初期には，核を挿入する手術部位の対象は主に外套膜付近であり，アコヤガイの外套膜は薄いため大きなサイズの真珠を作ることが難しかった．そして，適切な挿核部位が探求され，真珠を作る部位として生殖巣が最適であることがわかった．特に，産卵で生殖細胞を放出した母貝の生殖巣に大きな核が入ることから，卵抜き法による大粒の真珠を産出する技術が開発された．さらに，施術器具の改善など，挿核手術の技術が向上したことに加え，垂下養殖法，養殖篭の改良，貝掃除や避寒などといった養殖管理技術も急速に進展した．こうして，大珠真珠生産，品質向上，生産の効率化など，挿核技術や養殖管理に関する技術が飛躍的に向上し，良質真珠の量産化における基本的な真珠養殖技術体系は，1920 年代にはほぼ完成に至り，養殖真珠が市場に流通し始めた．養殖真珠の技術体系と生産基盤が整うことにより量的規模の拡大が可能となり，アコヤ真珠の生産量は 1931 年に約 100 万個ほどであったものが，1937 年にはその 10 倍の 1,000 万個以上の生産に至り，業者数，生産数量ともに顕著に増加した．そこには，早くから挿核手術の技術的基盤が確立されたことに加え，真珠貝の養殖管理技術の蓄積がなされてきたことを忘れてはならない．このようにして，日本において養殖真珠産業は構築されてきた．

一方，George は，1978 年に，“The International Pearling Journal” に掲載した論文で，西川や見瀬が開発した技術は，すでにオーストラリアの Saville–Kent が確立したもので，西川らがそれをヒントにしていたと主張し（Harrison, 2005；Taylor and Strack, 2008），真円真珠の発明者は，オーストラリアの Saville-Kent であるという話が 2000 年代初頭に世界中に広まった．換言すれば，西川と見瀬が開発した養殖技法は Saville-Kent がオーストラリアで既に確立したものであり，日本の技術は彼の技法からアイディアを得たに過ぎないとされた．しかしながら，1）Saville-Kent の真円真珠の養殖技術に関する詳細な技術的記録が存在しないこと，2）オーストラリアでは 1914 年に特許が申請され，1915 年に特許権が認可されていること，3）欧州で実施されていた研究において明らかにされていた事実は，全ての研究者にヒントとして提供されていたこと，さらに 4）オーストラリアをはじめ世界各地で生産されている養殖真珠の生産技術のベースは，明らかに日本の技術がベースになっていることなどを考慮すると，真珠養殖の技術は日本で開発されたものであることは明らかである．日本における真珠研究により，宝石と同等の品質をもつ真珠を作り出す強力な生産技術が日本で発展し，産業化において偉大なる成功を収めた．こうして日本で独創的な養殖真珠産業が樹立され，世界の養殖真珠産業に日本が貢献したことは，日本人の発想と研究への情熱，並びに産学官の協調の成果として大変意義深いことである．

1・3　養殖真珠産業の発展と研究

1）真珠養殖における生産圧迫要因に関する研究

真珠養殖で最も恐れられていた自然環境の異変といえば“赤潮”である．御木本が半円真珠の養殖に成功する前年の1892年11月に英虞湾神明浦で発生した赤潮により，御木本養殖漁場のほとんどの養殖貝が死滅した．これが赤潮による真珠養殖の被害として最初の記録となっている（乙竹，1948；加藤，1950）．それ以来，真珠養殖の初期には度々赤潮による被害が報告されてきている．1900年9月3日に発生した赤潮の主要プランクトンは*Gonyaulax polygramma*の赤潮であるが，この時はあらかじめ篭を用意して赤潮発生時に水中の養殖貝をこの篭に入れ，赤潮の被害を避けられる深い層に運び赤潮を回避したといわれる（西川，1901；乙竹，1948）．これが，赤潮に対する最初の被害軽減方策である．

さらに1903年と1905年に発生した*Gymnodinium*属の赤潮では，大量のアコヤガイのへい死が報告されている（西川，1903；加藤，1950）．1934年にも*Gymnodinium*属の赤潮で大量のアコヤガイがへい死した．この時に発生した赤潮プランクトンは*G. mikimotoi*（現*Karenia mikimotoi*）と命名され，1903年に発生した赤潮も同種と考えられている（尾田，1935）．また，この赤潮発生の対策として硫酸銅散布がなされている．このように赤潮は真珠養殖が始まって以来，脅威の的であった．

赤潮に加えて，冷潮（冬季異常低水温）も真珠養殖に大打撃を及ぼした自然災害である．1917年の大村湾や1926年の英虞湾で起こった冷潮で，アコヤガイの大量へい死が記録されている（小串，1938）．真珠養殖の初期には赤潮や冬季の冷潮，或いはウナギ，タコ，カニなどの外敵による食害（藤田，1916），時には大雨による著しい塩分低下や大量の砂泥の流入などにより，真珠貝はしばしば被害を被ってきた（藤田，1923；小串，1938）．その後，漁場の選定，避寒などの漁場海域の利用の仕方や垂下養殖などの養殖方法の向上により，被害も少なくなった．

このように真珠養殖が始まった頃から，赤潮や食害，冬季異常低水温による冷害など，真珠養殖に大きな被害をもたらす生産圧迫要因に対して，原因究明と解決のための対策に力が注がれ，その都度養殖管理方法が改善されてきた．

養殖真珠産業の大まかな経緯とアコヤ真珠生産量の推移（生産量の推移は漁業・養殖業生産統計年報を改変）を図 1・1 に示す．生産期を 4 期に大別すると，第 1 期は既に述べたように 19 世紀末から戦前における真珠養殖産業の基本体系と生産体制の確立（産業創出期），第 2 期は 1946 年以降の国の支援による戦後の真珠輸出に支えられた増産拡大（産業発展期），第 3 期は 1970 年代の真珠不況脱却後の国内需要に支えられた安定生産（産業安定期），第 4 期は 1990 年代後半における真珠法の廃止など国内における生産構造の変化および生産のグローバル化による海外真珠生産の増大と競合（国際的産業拡大期）となる．

そして，近年，世界各地で真珠養殖が普及し，世界中で真珠に関する研究が進むとともに，分子遺伝学的手法による新たな研究手法による成果が蓄積されてきている．2016 年に真珠振興法が制定され，養殖産業の持続的発展に向けて，再びオールジャパンでの産官学による連携の重要性が高まっている．そこで，戦後の養殖真珠産業における研究について振り返ってみたい．

戦後 1946 年から徐々に真珠養殖が再開され，1949 年から真珠の販売規制もなくなり，同年に現行漁業法が制定され，真珠養殖および真珠母貝養殖に特定した区画漁業権と特定区画漁業権による真珠産業の振興策もあり，生産は順調に回復した．特に，1952 年に真珠養殖事業法が制定され，国立の真珠研究所が開設されるとともに，真珠輸出検査制度が整い，真珠検査所も開設されて，国策により養殖真珠産業は飛躍的に発展し，養殖真珠が輸出の花形となった．各養殖場では，合成樹脂製真珠養殖資材の導入，ビン球フロート筏，FRP 製船外機，高圧水噴射式自動貝掃除機の普及など養殖資材・機材の近代化が進み，生産量は再び急増した．1955 年に，三重県の賢島に国立の業種別研究機関として開設された国立真珠研究所では，真珠と真珠養殖に関する精力的な研究がなされ，優れた研究成果が報告されてきた．真珠の研究は，国立真珠研究所を中心に，各大学や民間でも盛んに取り組まれてきた．

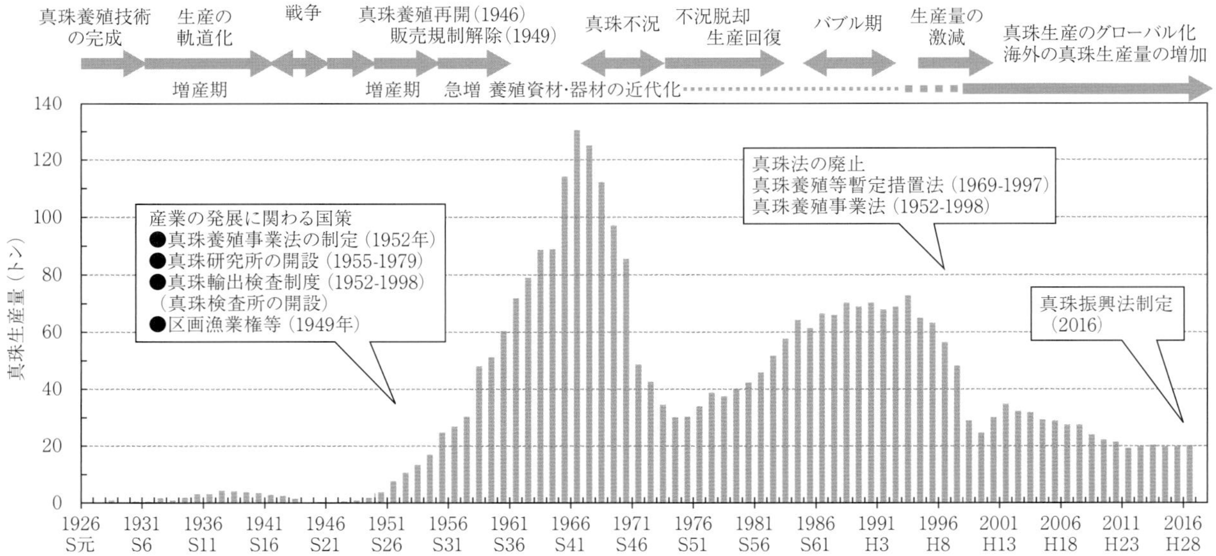

図1・1　日本における養殖真珠産業の経緯と真珠生産量の推移

戦後，真珠養殖が回復し，1950 年代後半から 1960 年代にかけての真珠生産量は飛躍的に増大した．しかし，それに伴う過密養殖や漁場環境の悪化，さらには寄生生物の増加など様々な生産問題が起こり，アコヤガイのへい死が頻発するようになり，生産性の低下が顕在化した．被害の原因としては，赤潮，貧酸素層の形成，水温（高水温，低水温），塩分（塩分低下），すみ潮[3)]，水質汚濁，養殖技術上の問題（仕立て，挿核施術．養殖管理），また穿孔性多毛類や吸虫類などの寄生生物による事項があげられる（真珠養殖全書，1965；小林・渡部，1959；水本，1964；阪口，1968；伊藤・水本，1978）．

特に，養殖貝の糞や付着物の貝掃除屑などが海底へ堆積して自家汚染の進んだ内湾奥部漁場では，夏季から秋季にかけて底層水の酸素が欠乏するとともに，有毒な硫化水素が発生して魚介類にしばしば大きな漁業被害を及ぼした（小林・渡部，1959；菅野，1977）．英虞湾では，1950 年代から貧酸素が多発するようになり（沢田ら，1958），1965 年には，湾奥部の鵜方浦で大規模な貧酸素の発生による大きな被害事例が報告されている（沢田，1965；関，1965）．

さらに，1950 年代後半から 1960 年代にかけて寄生虫による被害も報告され始めた．１つは，二枚貝の貝殻に寄生する穿孔性多毛類のポリドラ属（*Polydora*）によるものであり，1955 年頃に局所的に見られ始め，1958 ～ 1960 年になると急速に分布を拡大して蔓延し，被害が頻発するようになった．こうしたポリドラの生態解明や対策の研究も進んだ．これによる被害の軽減策としては，濃塩水による処理方法が養殖工程に導入され（水本，1964），現在でも実施されている．もう１つは，アコヤガイに寄生する吸虫である *Bucephalus varicus* の幼体で，一般的に“セルカリア”と呼ばれているものである．この寄生虫は 1960 年頃から拡大し始め，1965 年に大発生したことが知られている．これらの寄生虫による被害が増加した原因として，貝の頻繁な移動が原因といわれている（阪口，1968）．その他の寄生による被害事例として，1960 年 10 月と 1965 年 7 月にそれぞれ岡山県と香川県小豆島で発生したカクレガニ（ピンノセレス）の寄生によるへい死被害がある（水本，1993）．

また，特殊な被害事例としては，1949 年 4 月に徳島県那佐湾で起こった組織全体の乳白色～灰白色の液状化を伴う異常へい死がある．異常へい死の原因

3）真珠貝の異常へい死をもたらす原因の 1 つで，海の透明度が著しく高いことから「すみ潮」と呼ばれている．どのようなメカニズムで発生して貝をへい死させるのかは不明．

は，細菌性の病原体によるものであった（小竹・宮脇，1954；小竹，1955）．さらに，1960 年代後半から 1980 年代は富栄養化による赤潮の頻発により，赤潮研究の重要性も増した．1970 年代後半には外来種のフジツボ類やカンザシゴカイ類の増加なども問題となり，寄生虫の病害に関する研究，赤潮研究，付着生物防除に関する研究がおこなわれてきた．

漁場の生産力や市場を無視した過密養殖による生産増大は，漁場環境を悪化させ，漁場の老化を促進した．そして夏季の高水温と餌不足による衰弱や内湾の閉鎖性漁場における貧酸素化，富栄養化による赤潮の頻発など様々な生産圧迫要因は，へい死の増大や品質，歩留まりの著しい低下を招き，生産を悪化させた．それによる生産コストの増大および市場への低品質真珠の流通の結果，価値と信頼性の低下による収益減によって経営圧迫に陥る悪循環は，これまでの真珠養殖の歴史の中で経験してきたことである．1960 年代の急激な増産，1980 年代以降の気象・海況の不安定化，沿岸社会環境の変化，魚介類養殖の増加による漁場環境の悪化や海況の変化で，生産性が低下し，へい死の増大や品質低下が目立ち始め，漁場環境保全，漁場の合理的な適正利用に関する研究，アコヤガイの生理と健康管理に関する研究が続けられた．

2）近年における新たな生産圧迫要因

1980 年代後半から 1990 年代初めにかけて，養殖真珠の生産量は飛躍的に増大したが，1990 年代には従来にない 2 つの新しい生産圧迫要因がもたらされた．1 つは，1990 年代前半に三重県で起こったアコヤガイの大量へい死である．1992 年の夏季と秋季に三重県の英虞湾で原因不明のアコヤガイの大量へい死が発生した．その後の研究で，へい死の原因は，新種の渦鞭毛藻プランクトンの *Heterocapsa circularisquama* によるものであることが判明した（松山，2001；永井，2008）．1994 年にも，再び本種は大規模な大量へい死をもたらし，生産を圧迫する大きな問題となり，その後，西日本海域の内湾海域にも拡大して貝類養殖の脅威となった．本種は，従来の赤潮と異なり海水が着色しないほどの低細胞密度で貝類に悪影響をもたらし，高密度になると一晩で全滅させることもあり，この新しいタイプの赤潮プランクトンに関する研究が鋭意遂行された．本種は，貝の移動によって一緒に運ばれ分布域を拡散することが明らかとなり（Honjo *et al*., 1998），無防備な貝の移動による分布域の拡大が危惧された．さらに，本種への被害防除対策として初期出現を予察する研究や殺藻ウイルスに関する研究（Nagasaki *et al*., 2004）などが進められた．赤潮発生予察として，プランクトン調査や本種に対する二枚貝の殻体応答を利用した観測機器（貝リンガル®）が開発され，本種出現の監視が可能となり，地域によっては有効に活用されている（永井・本城，2016）．

もう1つは，1990年代後半に起こった貝肉が赤くなって死んでいく病気，赤変病である．1996年からわずか3年間で全国の真珠生産地で病気が発生して経営を揺るがす大きな被害となり，生産量を激減させた．その後の研究で，この病気が感染症であると判明した（黒川ら，1998）．この病気の蔓延による被害は甚大で，産官学で研究が進められた．病原体はウイルスの疑いが強いとされたものの（Miyazaki *et al*., 1999），反論もあり（反町，2000），なかなか特定にいたらなかったが，本シンポジウムにおいて細菌性のものとして新たな知見が見出されている（Matsuyama *et al*., 2017）．

赤変病の病害対策の研究も進められ，冬季の低水温負荷により病気の発症が抑制できることが明らかとなり（Nagai, 2007），冬季低水温となる漁場での越冬と隔離による感染対策が被害軽減に有効であることが実証された（永井，2008）．また，本病害に対して南方系のアコヤガイのへい死が少ないことから，南方系と日本産アコヤガイの交雑種（ハーフ貝）が養殖業者間で普及した．一方，日本産アコヤガイを用いた強い母貝の作出を目論み，耐病性育種が精力的に進められた（内村ら，2005）．ヘテロカプサ赤潮や赤変病は，過去の真珠養殖の歴史においてこれほどの大規模発生事例の経験はなく，海外から持ち込まれた可能性が指摘されている．急場しのぎの対策としての外国産アコヤガイの移入は，新たな病気や有害生物を持ち込む危険性や遺伝資源に及ぼす影響があり（横川，1999；良永，2005），慎重に判断する必要があろう．

3）人工採苗と育種研究

戦後，真珠養殖に用いる母貝は，天然採苗で採取した種苗が育てられて真珠養殖業者に供給された．天然採苗の供給は，年によって好不漁があり，真珠貝の天然採苗による繁殖技術の向上や，安定した真珠貝の供給を維持するために人工採苗での繁殖技術の改善が進められた（桑谷，1965）．特に1970年代半ばに天然種苗が不作になって人工採苗による種苗の生産が求められ，人工採苗技術が確立され，真珠養殖の完全養殖が可能となった．県や漁協，民間など各地で人工採苗技術の開発，導入が活発に行なわれ，1980年代には産業レベルで人工採苗は軌道に乗り定着した.

人工採苗の新しい時代に向けての技術基盤づくりとして，若年大型母貝を目的とした早期採苗技術や環境変化に耐える種苗など，真珠生産に適した遺伝的優良形質の改良に向けた育種が進められた．さらに国立真珠研究所では，アイソザイムによる地域集団の集団解析や貝殻真珠層の黄色色素に着目した交配実験が1970年代から着手された．1980年代にはバイオテクノロジーが注目され，染色体操作による三倍体の作出や精液の凍結保存技術などの研究も進められた（古丸・和田，1994；内村ら，1995）．1990年代には，挿核用母貝と細胞貝（ピース貝）といった用途別の貝の系統の作出が現場レベルで盛んに進み，特に白色系細胞貝の生産などに多くの労力が注がれた.

赤変病によるアコヤガイの大量へい死が深刻化した1990年代後半には，強い母貝が求められ，耐性貝作出技術の開発が進められ，真珠養殖に使用される母貝は，天然採苗貝から人工採苗貝に急速に転換した．2000年代から，分子遺伝学的手法による研究が急速に進んでおり，この手法は産地判別や選抜育種法，優良細胞貝の作出技術の開発などへの応用が期待され，さらに，今後のアコヤガイ遺伝資源の管理や種苗生産管理などにも重要になってくると思われる．人工採苗は，比較的均一な集団となる反面，遺伝的多様性が低くなり，近交の問題も指摘されている．人工採苗による生産を続けていくためには，天然資源を守っていくことが大切である．アコヤガイの育種は，とても時間かかり，基礎的知見を積み重ね，着実に進めていくことが大切であると考える.

日本の真珠養殖の重要な産業基盤である母貝供給は，近年，その種苗のほとんどが人工採苗で供給されるようになった．一方で，人工採苗による近親交配の問題や外来種の交雑による遺伝的撹乱の問題も懸念されている．人工採苗は，産業構造を担う重要な基盤となったことをしっかりと認識し，あらゆるリスクを想定して進めていく必要がある.

現在，アコヤガイの全ゲノムが解読され（Takeuchi *et al.*, 2012），大量のゲノムデータが蓄積されてきている（Takeuchi *et al.*, 2016）．こうした基礎情報は，真珠品質に関わる育種形質の選定やその形成機構の解明，育種やメカニズムの解明の手法，さらには，人工採苗における遺伝的管理に至るまで，ますますその重要性は高まるであろう.

4) 真珠品質の向上に向けた研究

真珠の品質と真珠形成に関する研究は，真珠養殖が始まって以来の重要課題であり続けてきた．真珠品質の向上に向けて様々な研究がおこなわれ，挿核手術の改善（青木，1966；町井・中原，1957），手術前の母貝仕立てと手術後の養生による品質改善および生産性の向上（植本，1961，1967；蓮尾，1966），そして貝掃除による養殖管理の改善（谷口ら，1959）などといった様々な技術革新がなされた．

特に，生体鉱物としての真珠の研究では，化学組成や物理的性質などが詳細に調べられるとともに，生物的側面から生体鉱物形成機構が精力的に研究され（和田，1962, 1972），バイオミネラリゼーション分野の研究にも大きく貢献した．近年，生体鉱物形成メカニズム解明の研究に，生体鉱物である貝殻真珠層が活用され，真珠層形成に関与するタンパク質の研究が大いに進展した（Miyamoto *et al*., 1996；Sudo *et al*., 1997；Samata *et al*., 1999；Zhang and Zhang, 2006）．

また，これらの機能を明確にするには，貝の体中ではなく，体外で組織培養して解明する方法が求められ，外套膜片の組織培養技術の確立を目指した基礎研究が進められた（町井，1974；Awaji and Machii, 2011）．こうした技術が開発されることによって真珠形成のメカニズムを解明する上で，インビトロにおける有益な知見の蓄積が期待され，基礎研究推進のためにも培養系の確立が切に望まれる．

さらに，真珠の品質は，核とともに入れた外套膜の小片（ピース）の外面上皮細胞の遺伝的形質とその上皮細胞によって作られる真珠袋の代謝機能と密接に関わっていることが明らかになってきた．特に，真珠の色の要素の1つである黄色系の真珠の色は，細胞貝の貝殻内側の黄色と関係があることが判明し（和田，1969），外套膜を採取した細胞貝の機能の一部は，別個体へ移植後も維持されることがわかってきた．それにより白色系の真珠層選抜で，白色系真珠の生産率を高める育種研究も進み（和田，1984, 1985），各人工採苗所では白色系真珠層の細胞貝が生産されるようになった．また，真珠の巻き，テリ，色は，母貝，環境，細胞貝の年齢，採取部位などと関係することが知られている（真珠養殖全書，1965）．色素や結晶構造に関わる真珠の色やテリ，また形成量に関わる巻きは，細胞貝の真珠層を形成する性質も大きく影響することが，これまでの研究により明らかになってきており，各人工採苗生産の現場においても細胞貝の育種が盛んに進められている．

真珠品質に関する研究は，養殖技術に関わる研究，真珠袋と外套膜分泌能に関わる研究，真珠の色管理に関わる研究，真珠形成に関わる研究などが取り組まれてきた．近年，分子生物学の分野の目覚しい進展により，真珠層形成に関する研究において，遺伝子解析のアプローチから研究が世界中で飛躍的に進んでいる（Zhang and Zhang, 2003；Samata, 2004；Yano *et al*., 2007；Wang *et al*., 2009）．真珠層形成に関わる遺伝子群や真珠層の黄色に関連する遺伝子群などが探索され，真珠層形成メカニズムの解明やバイオミネラリゼーションの分野などで多くの研究成果が出てきている（Suzuki *et al*., 2009；Kinoshita *et al*., 2011；Wang *et al*., 2012；Shinohara *et al*., 2018）．今後，分子遺伝学的手法は，真珠の品質と生産性の技術改善の発展に大きな貢献をもたらすであろうと期待されている．

5）真珠研究と養殖真珠産業の展望

世界に先駆けて養殖真珠産業が日本で確立した．その成功は，人の手によって真珠を作ることを夢見た御木本の強い信念による実践と大学における優れた学術研究との連携によってもたらされた．そして，それに触発された人々の競合と切磋琢磨の探求による技術的発展と事業化が，日本における産業化を推進した．まさに，産官学の連携によって養殖真珠産業は発展した．

戦後は，真珠養殖に関する法律の下，生産，輸出，研究など，国による様々な支援を受け，日本の輸出産業として発展した．研究面では，真珠に関する基礎研究と応用，生産の安定化に向けた問題解決型の研究，および技術開発が，国立真珠研究所，大学，民間などで進められ，産業の安定的発展がなされた．養殖真珠は，宝石の一つとしての地位を確たるものとして世界で広く愛好されるようになり，19世紀末から20世紀の日本における真珠研究は世界の最先端を担った．

養殖真珠の量産化が可能となり，それによる漁場生産力を無視した過密養殖による生産増大は，良質な真珠の作出を悪くし，さらには漁場環境を悪化させ自家汚染による漁場の老化を招いてきた．さらに，貧酸素，赤潮，病気などの生産圧迫要因が増加し，へい死の増大や品質低下などで歩留まりが著しく悪化し，生産性を低下させてきた．また，それによる生産コストの増大は，市場への低品質真珠の流通を余儀なくさせた．一方で，需要を無視した市場への供給過剰が市場価値を低下させ，それに加えて低品質真珠の市場への氾濫が，真珠の魅力と信頼性を失墜させた．この一連の流れは，養殖真珠に内在する商品特性であり，養殖真珠産業の歴史において，こうした悪循環が繰り返されてきた．

養殖真珠産業が始まってわずか 1 世紀を経た 20 世紀末に日本で起った生産問題は，海外における真珠養殖のみならず，自然を基盤とした多くの産業に共通することでもある．漁場環境の悪化や赤潮，病気など，自然界で起る新たな現象に対しては，産官学共同により新たな被害防除技術を開発することによって産業の維持を図っていく必要がある．

今日，養殖真珠に関する研究は，水圏の環境，養殖貝の健康管理，挿核手術およびそれに関連した養殖技術，種苗生産技術や育種，真珠品質要素の科学的な分析，真珠の品質に関わる生体鉱物形成に関する研究など，様々な真珠貝を用いて世界中で研究が続けられている．

また，真珠養殖中に付着生物や真珠収穫後に貝肉や貝殻などが大量に排出される．それらを不適切に処理すると生産漁場の自家汚染の原因となり，これまで様々な生産圧迫要因となって生産性の低下を引き起こしてきた．生産漁場に対する自家汚染対策としての養殖排出物の再利用に関する研究は，近年ゼロエミッションや高度化利用として進められている（樋口ら，2016）．こうした漁場環境の保全に向けた研究の取り組みも重要な課題である．

一方，近年，生命科学の分野では遺伝子に関する研究が飛躍的に進展し，分子生物学的アプローチから真珠に関する研究が世界中で盛んに進められている．真珠層形成に関する研究においても，ゲノム解析のアプローチから研究が世界中で飛躍的に進んでおり，真珠層形成メカニズムの解明やバイオミネラリゼーションの分野など多くの研究成果が出てきている（Joubert *et al*., 2010；Kinoshita *et al*., 2011；Ohmori *et al*., 2018）．2012 年に，竹内らにより世界に先駆けて日本産アコヤガイのドラフトゲノムが解読されたことは，大変意義深いことである（Takeuchi *et al*., 2012）．

養殖真珠産業の安定と向上には，着実な基礎研究による知見の蓄積が重要であることに加えて，産官学，様々な研究分野の連携によりその応用を図り，技術的な側面で産業を支えていくことも重要であろう．産官学連携におけるしっかりとした研究体制を構築することにより，次世代の養殖真珠産業の発展が持続され，世界の養殖真珠産業のリーディングに貢献できるものと確信する．今，真珠に関する研究は，再び新しい時代を迎えようとしている．今後，生物資源の管理，高品質かつ安定した真珠生産に向けての養殖技術の改善，さらには真珠養殖だけでなく医療・医薬分野，また人間の生活と密着に関係する産業といった様々な方面において基礎研究が展開されることにより，宝石としての真珠は人間生活を豊かなものにしていくことであろう．

文　献

Alverdes F. Versuche über die künstliche Erzeugung von Mantelperlen bei Süßwassermuscheln. *Zool. Anz.* 1913; **42**: 441-459.

青木　駿．異常真珠の出現防止に関する研究．とくに異常真珠の構造とその成因に関して．博士論文，京都大学．1966.

Awaji M,Machii A. Fundamental studies on in vivo and in vitro pearl formation—Contribution of outer epithelial cells of pearl oyster mantle and pearl sacs. *Aqua-Biosci. Monogr.* 2011; **4**: 1–39.

Bouchon-Brandely G. Sur La Péche et la Culture des Huîtres Perlières à Tahiti; Pêcheries de l'Archipel Tuamotu. *Imprimerie du Journal Officie* 1885; **31**:4-73.

Boutan L. Production artificielle des perles chez les Haliotis. *CR. Acad. Sci.* 1898: pp77.

Boutan L. L'Origine réelle des perles fines. *CR. Acad. Sci.* 1903; **137**: 1073-1075.

Dakin W J. The Origin of Pearls,Pearls. Cambridge University Press 1913: pp91-116.

藤田政勝．真珠養成学．楽水會 1923: pp1-34, pp44-50.

藤田輔世．マダコの真珠貝穿孔に就いて．動物学雑誌 1916; **28**: 333.

Haas F. Die Perlen. Akademische Verlagsgesellschaft mbH, Leipzig（1931,1933）（Translation; Hayashi K）Jinnou Press1972: pp87-97.

Harrison AJ. Saville-Kent,William（1845-1908）. Australian Dictionary of Biography 2005; 352-353.

蓮尾真澄 . 母貝仕立における生理状態の変化生殖腺の状態 . 国立真珠研報 1966; **11**: 1334-1347.

Hessling Tv. Ueber die Ursachen der Perlbildung bei Unio margaritifer. *Z. Wiss. Zool.* 1858; **9**: 543-546.

Hessling Tv. Die Perlmuscheln und ihre Perlen. Wilhelm Engelmann. Leipzig 1859.

樋口恵太，永井清仁，服部文弘，前山　薫，瀬川　進，本城凡夫．真珠養殖廃棄物のコンポスト化とその有効活用．日水誌 2016; **82**: 608-618.

Honjo T, Imada N, Oshima Y, Maema Y, Nagai K, Matsuyama Y, Uchida T. Potential transfer of *Heterocapsa circulaisquama* with pearl oyster consignments. In "Harmful Algae"（eds.by Reguera J,Blanco ML,Fernandez ML,Wyatt T）, Xunta de Galicia and Intergovernmental Oceanographic Commission of UNESCO, 1998: pp224-226.

伊藤克彦，水本三朗．英虞湾真珠漁場におけるアコヤガイのへい死について．国立真珠研報 1978; **22**: 2383-2404.

Jameson HL. On the origin of pearls. *Proc. Zool. Soc. London* 1902; 1: 140-166.

Jameson HL. Studies on pearl-oysters and pearls. The structure of the shell and pearls of the Ceylon pearl oyster *Margaritifera vulgaris*（Schumacher）: with an examination of the cestode theory of pearl-production. *Proc. Zool. Soc. London* 1912: 260-358.

Joubert C, Piquemal D, Marie B, Manchon L, Pierrat F, Zanella-Cléon I, Cochennec-Laureau N, Gueguen Y, Montagnani C. Transcriptome and proteome analysis of *Pinctada margaritifera* calcifying mantle and shell: focus on biomineralization. *BMC Genomics* 2010; **11**: 613-625.

加藤龍一，真珠王 御木本幸吉．「真珠王」刊行会 1950: pp56-78.

Kinoshita S, Wang N, Inoue H, Maeyama K, Okamoto K, Nagai K, Kondo H, Hirono I, Asakawa S, Watabe S. Deep sequencing of ESTs from nacreous and prismatic layer producing tissues and a screen for novel shell formation-related genes in the pearl oyster. *PLoS ONE* 2011; **6**: e21238, 1-19.

小林新二郎，渡部哲光．真珠の研究．技報堂 1959; pp88-103.

古丸　明，和田克彦．アコヤガイ三倍体の配偶子形成と成長．水産増殖 1994; **42**: 541-54.

小竹子之輔，宮脇安能．アコヤガイ増殖に関する研究Ⅱ　細菌によるアコヤガイ異常斃死について（1）．日水誌 1954; **19**: 952-956.

小竹子之輔．アコヤガイ増殖に関する研究Ⅲ　細菌によるアコヤガイ異常斃死について（2）．日水誌 1955; **20**: 979-981.

久米武夫．宝石学．風間書房 1953: pp625-644.

Kunz GF, Stevenson CH. The Book of The Pearl. New York, The Century Co. 1908.

黒川忠英，鈴木　徹，岡内正典，三輪　理，永井清仁，中村弘二，本城凡夫，中島員洋，芦田勝朗，船越将二．外套膜片移植および同居飼育によるアコヤガイ *Pinctada fucata martensii* の閉殻筋の赤変化を伴う疾病の人為的感染．日水誌 1998; **65**: 241-251.

桑谷幸正．アコヤガイの種苗生産に関する基礎的研究Ⅰ．切り出し卵巣卵の成熟度の判定と産卵期における変化について．国立真珠研報 1965; **10**: 1228-1243.

町井　昭，中原　皓．真珠袋の組織学的研究Ⅱ．季節による真珠袋形成速度の差異．国立真珠研報 1957; **2**: 107-112.

町井　昭．アコヤガイ外套膜の組織片培養．国立真珠研報 1974; **18**: 2111-2117.

松井佳一．真珠の事典．北隆館 1965.

Matsui K. On the Origin of Pearl-Culture and the Hisrory of it in Japan. *Mem. Fac. Agric. Kinki Univ.* 1975; **8**: 1-6.

Matsuyama T, Yasuike M, Fujiwara A, Nakamura Y, Takano T, Takeuchi T, Satoh S, Adachi Y, Tsuchihashi Y, Aoki H, Odawara K, Iwanaga S, Kurita J, Kamaishi T, Nakayasu C. A Spirochaete is suggested as the causative agent of Akoya oyster disease by metagenomic analysis. *PLoS ONE* 2017; **12**: e0182280.

松山幸彦．有害渦鞭毛藻類 *Heterocapsa circularisquama* の赤潮発生機構と二枚貝に及ぼす影響に関する生理生態学的研究．博士論文，九州大学．2001.

Miyamoto H, Miyashita T, Okushima M, Nakano S, Morita T, Matsushiro A. A carbonic anhydrase from the nacreous layer in oyster pearls. *Proc. Natl. Acad. Sci. USA* 1996; **93**: 9657-9660.

Miyazaki T, Goto K, Kobayashi T, Kageyama T, Miyata M. Mass mortalities associated with a virus disease in Japanese pearl oysters *Pinctada fucata martensii*. *Dis.Aqua.Org*. 1999; **37**: 1-12.

水本三朗．アコヤガイ貝殻の病害に関する研究Ⅰ．貝殻に侵入する多毛類の種類および病害の状況とその駆除法について．国立真珠研報 1964; **9**: 1143-1155.

水本三朗．アコヤガイの病虫害．日本真珠振興会 1993: 1-33.

Nagai K, Go J, Segawa S, Honjo T. Measure to prevent relapse of reddening adductor disease in pearl oysters（*Pinctada fucata martensii*）by low-water-temperature culture management in wintering fisheries. *Aquaculture*. 2007; **262**: 192-201.

永井清仁．アコヤガイの原点を求めて．日本産アコヤガイの異常へい死原因，*Heterocapsa circularisquama* 赤潮と赤変病に関する研究．真珠新聞社 2008.

Nagai K. A History of the cultured pearl industry. *Zool. Sci.* 2013; **30**: 783-793.

永井清仁，本城凡夫．2-12 貝リンガルによる渦鞭毛藻類 *Heterocapsa circularisquama* 赤潮の予察．有害プランクトンの科学（今井一郎，山口峰生，松岡數充編）恒星社厚生閣 2016: pp145-152.

Nagasaki K, Tomaru Y, Hata N, Katanozaka N, Yamaguchi M. Dynamics of *Heterocapsa circularisquama*（Dinophyceae）and its viruses in Ago Bay, Japan. *Aquat. Microb. Ecol.* 2004; **34**: 216-219.

西川藤吉．赤潮に就いて．動物学雑誌 1901; **12**: 127-133.

西川藤吉．再び赤潮に就いて．動物学雑誌 1903; **15**: 347-353.

西川藤吉．真珠．動物学雑誌 1904; **15**: 51-67, 129-140, 203-214.

西川藤吉．一個の貝より生ずる真珠の数．動物学雑誌 1907; **19**: 42-57.

尾田方七．*Gymnodinium mikimotoi* Miyake et Kominami n.sp.（MS.）の赤潮と硫酸銅の効果．動物学雑誌 1935; **47**: 35-48.

小串次郎．真珠の研究．伊藤文信堂 1938: pp85-93, pp123-134.

Ohmori F, Kinoshita S, Funabara D, Koyama H, Nagai K, Maeyama K, Okamoto K, Asakawa S, Watabe S.

Novel isoforms of N16 and N19 families implicated for the nacreous layer formation in the pearl oyster *Pinctada fucata*. *Mar.Biotechnol*. 2018; **20**: 155-167.

乙竹岩造．御木本幸吉．培風館 1948: pp22.

Réaumur RF. Observations sur le coquillage appellé Pinne marine ou Nacre de perle, à l'occasion duquel on explique la formation des perles. *Mém. Acad. Sci*. **1717**: 177-194.

Rubbel A. Über Perlen und Perlbildung bei *Margaritana margaritifera* nebst Beiträgen zur Kenntnis ihrer Schalanstruktur. *Zool. Jahrb. Anat*. 1911; **32**: 287-366.

阪口清次．アコヤガイに寄生する吸虫　生活史ならびにその病害について．国立真珠研報 1968; **13**: 1635-1688.

Samata T, Hayashi N, Kono M, Hasegawa K, Horita C, Akera S. A new matrix protein family related to the nacreous layer formation of *Pinctada fucata*. *FEBS Lett*. 1999; **462**: 225-229.

Samata T. Recent advances in studies on nacreous layer biomineralization. Molecular and cellular aspects. *Thalassas* 2004; **20**: 25-44

沢田保夫，丹下　孚，関　政夫．真珠養殖漁場の養殖海洋学的研究Ⅰ．国立真珠研報 1958; **4**: 347-355.

沢田保夫．真珠養殖における漁場の環境．特に密殖と老化について．真珠技術研報 1965; **50**: 7-20.

関　政夫．鵜方浦を中心とした異常へい死漁場の状況について．真珠技術研報 1965; **52**: 22-30.

真珠養殖全書．全国真珠養殖漁業協同組合連合会 1965.

Shinohara M, Kinoshita S, Tang E, Funabara D, Kakinuma M, Maeyama K,Nagai K, Awaji M, Watabe S, Asakawa S. Comparison of two pearl sacs formed in the same recipient oyster with different genetic background involved in yellow pigmentation in *Pinctada fucata*. *Mar. Biotechnol*. 2018; **20**: 1-9.

反町　稔．アコヤガイの大量斃死．海洋と生物　生物研究社 2000; **126**: 39-44.

Sudo S, Fujikawa T, Nagakura T, Ohkubo T, Sakaguchi K, Tanaka M, Nakashima K, Takahashi T. Structures of mollusc shell framework proteins. *Nature* 1997; **387**: 563-564.

菅野　尚．Ⅰ自家汚染の実態 2. 貝類養殖場．浅海養殖と自家汚染．日本水産学会編　恒星社厚生閣 1977: pp19-30.

菅原真吉．真珠貝（9）．宝石と貴金属工芸 1978; **5**: 26-28.

Suzuki M, Saruwatari K, Kogure T, Yamamoto Y, Nishimura T, Kato T, Nagasawa H. An acidic matrix protein, Pif, is a key macromolecule for nacre formation. *Science* 2009, **325**,1388-1390.

Takeuchi T, Kawashima T, Koyanagi R, Gyoja F, Tanaka M, Ikuta T, Shoguchi E, Fujiwara M, Shinzato C, Hisata K, Fujie M, Usami T, Nagai K, Maeyama K, Okamoto K, Aoki H, Ishikawa T, Masaoka T, Fujiwara A, Endo K, Endo H, Nagasawa H, Kinoshita S, Asakawa S, Watabe S, Satoh N. Draft genome of the pearl oyster *Pinctada fucata*. A platform for understanding bivalve biology. *DNA Res*. 2012; **19**: 117-130.

Takeuchi T, Kawashima T, Koyanagi R, Gyoja F, Kanda M, Hisata K, Fujie M, Goto H, Yamasaki S, Nagai K, Morino Y, Miyamoto H, Endo K, Endo H, Nagasawa H, Kinoshita S, Asakawa S, Watabe S, Satoh N. Bivalve-specific gene expansion in the pearl oyster genome: Implications of adaptation to a sessile lifestyle. *Zool. Lett*. 2016; **2**: 3:1-13.

谷口宮三郎，西飯　保，清水進平．真珠養殖におけるいわゆる貝そうじの効果に関する研究．国立真珠研報 1959; **5**: 481-488.

Taylor J, Strack E. Pearl Production. The Pearl Oysterb（eds. Southgate PC, Lucas J）Elsevier Science 2008: pp273-301.

内村祐之，平田智法，阿部俊之助．三倍体アコヤガイの養殖特性と真珠特性．水産増殖 1995; **43**: 225-228.

内村祐之，西川　智，浜田耕示，兵頭勝也，広瀬琢磨，石原浩二，杉本　学，中島伸佳．感染症の症状を軽減した耐病性日本産アコヤガイ系統の開発．水産育種 2005; **34**: 91-97.

植本東彦．アコヤガイのそう核手術に関する生理学的研究Ⅰ - Ⅲ．国立真珠研報 1961; **6**: 619-635.

植本東彦．真珠養殖技術における仕立て作業の意義とその効果に関する研究．真珠技術研究会報 1967; **59**: 1-99.

和田克彦. アコヤガイ *Pinctada fucata* の改良に関する研究. 養殖研究報 1984; **6**: 79-157.

和田克彦. アコヤガイ真珠層色選抜系統で生産された真珠について. 養殖研究報 1985; **7**: 1-7.

和田浩爾. 真珠養殖過程中におけるアコヤガイの生活活動の変化が真珠形成に及ぼす影響Ⅱ. 表面構造と光沢の季節的変化. 国立真珠研報 1961; **6**: 586-606.

和田浩爾. 真珠形成機構の生鉱物学的研究. 国立真珠研報 1962; **8**: 948-1059.

和田浩爾. 黄色真珠の生成に関する実験生物学的研究. 国立真珠研報 1969; **14**: 1765-1820.

Wang N, Kinoshita S, Riho C, Maeyama K, Nagai K, Watabe S. Quantitative expression analysis of nacreous shell matrix protein genes in the process of pearl biogenesis. *Comp. Biochem. Physiol.* B 2009; **154**: 346-350.

Wang N, Kinoshita S, Nomura N, Riho C, Maeyama K, Nagai K, Watabe S. The mining of pearl formation genes in pearl oyster *Pinctada fucata* by cDNA suppression subtractive hybridization. *Mar. Biotechnol.* 2012; **14**: 177-188.

Yano M, Nagai K, Morimoto K, Miyamoto H. A novel nacre protein N19 in the pearl oyster *Pinctada fucata*. *Biochem. Biophys. Res. Commun.* 2007; **362**: 158–163.

横川浩治. 日本における外国産魚介類の移入とそれらの生物学的特徴. 水産育種 1999; **28**: 1-25.

良永知義. “海外からの病気の侵入”二枚貝の病気. 日水誌 2005; **71**: 654-657.

Zhang Y, Meng Q, Jiang T, Wang H, Xie L, Zhang R. A novel matrix protein participating in the nacre framework formation of pearl oyster, *Pinctada fucata*. *Comp. Biochem. Physiol.* B 2003; **135**: 565–573.

Zhang C, Zhang R. Matrix proteins in the outer shells of molluscs. *Mar. Biotechnol.* 2006; **8**: 572-586.

2章　真珠や貝殻はどのような細胞が作っているのか

淡路雅彦[1)]

貝殻の美しい色や模様，大変細かな形が入り組んでいる様子を眺めていると，いったい貝はどうやってこれを作るのかと不思議に思う．アサリなど二枚貝の貝殻を開けてみると，膜状になった身が貝殻に密着しているのがわかる．この部分が外套膜で貝殻を作っている．しかし外套膜といっても色々な種類の細胞からできており，その中のどの細胞がどのように働いて貝殻を作るのだろうか．それがわかれば，美しい貝殻を作る仕組みの一端を理解できそうである．

貝殻内面に真珠光沢をもつアコヤガイなどの真珠貝で体内に真珠ができる仕組みは長い間謎であったが，19 世紀半ばから 20 世紀初めにかけて，本来は貝殻を作る外套膜の一部の細胞が偶然体内に入り込み，真珠袋という組織を作ってその内部に真珠を作ることがわかった．そしてこの発見に基づき，西川藤吉，御木本幸吉をはじめとする様々な先人の努力により真珠養殖技術が確立された（Nagai, 2013）．しかし同じように養殖しても美しい真珠になる場合とならない場合がある．それぞれの真珠袋を作っている細胞の働きにどのような違いがあり，それは何故なのかがわかれば，さらに美しい真珠を安定して生産できるかもしれない．

貝殻や真珠がどのように作られるかについて，これまで多くの研究が進められてきた（Wilbur and Saleuddin, 1983；和田，1985；Falini *et al*., 1996；Dauphin *et al*., 2008；Rousseau *et al*., 2009；Saruwatari *et al*., 2009）．特に近年は DNA 塩基配列解析技術の著しい高速化に支えられて，貝殻や真珠に含まれるタンパク質などの構造や産生に関する情報が急速に蓄積され，それに基づいて貝殻や真珠の形成機構が議論されている（Marie *et al*., 2012；宮本，2014；Zhao *et al*., 2018；Mariom *et al*., 2019）．しかしそれらの議論の中心は，外套膜から貝殻内面（あるいは真珠袋からその内腔）に分泌された様々な分子が「細胞外」でどのように相互作用して貝殻や真珠を作るかにある．分子レベルの情報の急増に

1）　国立研究開発法人　水産研究・教育機構　増養殖研究所

もかかわらず，外套膜や真珠袋の生きた細胞が具体的に何をどのように分泌し，それがどのように調節されているから美しい貝殻や真珠が作られるのかという昔からの問い（Wilbur and Saleuddin, 1983；和田，1996）には，まだ十分に答えることができない．これを明らかにすることが，これからの研究の重要なテーマの 1 つなのであろう．そしてそのような研究を進めるには，貝殻や真珠を作る細胞の機能を可能な限り単細胞レベルで解析し，各細胞の役割分担などを明らかにすることが求められていると思う．

このような研究に役立つことを願って，この章ではアコヤガイ *Pinctada fucata* を中心として，外套膜と真珠袋の細胞の基本的な形態と様々な条件下で起こる形態変化に関する知見を整理するとともに，それらの細胞が担っていると推定される機能とその機能の指標となる分子について紹介したい．

2・1　外套膜の構造

1）外套膜の観察

アコヤガイの貝殻を取りはずし、鰓や内臓を取り除くと外套膜がよく見える（図 2・1 a）．アコヤガイの外套膜は周辺部から中心に向けて，膜縁部，縁膜部，中心部に区分されている（図 2・1 b）．外套膜には外面《がいめん》（または外側《がいそく》）と内面《ないめん》（または内側《ないそく》）があり，貝殻に接する側が外面，海水や他の軟体部に接する側が内面である（図 2・1 c）．貝殻に密着している外套膜では放射状に走る筋肉（外套筋）が白く透けて見える（図 2・1 b）．外套筋は片方の端が貝殻に付着しており，外套膜を伸縮させている．

膜縁部には 3 枚の襞状の構造，すなわち外褶《がいしゅう》，中褶《ちゅうしゅう》と内褶《ないしゅう》がある．3 枚の襞も貝殻の方向に向いている面が外面で，その反対面は内面に区別される（図 2・2 a）．膜縁部と縁膜部の境界はわかりにくいが，Tsujii（1960）はこれら 3 枚の襞の付け根のあたりを膜縁部と縁膜部の境界としており，また縁膜部と中心部の境界は外套筋の貝殻への付着部としている．海水中にいる元気な貝は，内褶と中褶の縁（へり）から細長い突起を数多く伸ばし（図 2・2 b），これらは何らかの感覚器として働く（Galtsoff, 1964）．内褶は，元気な貝では左右の外套膜からカーテンのように伸びて貝殻が開いてできる狭い隙間をふさぎ（図 2・2 c），貝殻の間から鰓へと取り込まれる海水の流れを調節する（Galtsoff, 1964）．外褶と中褶はぴったり合わさって貝殻のへりに接し，外褶内面と中褶外面が合わさった陥入部は殻皮溝と呼ばれ，その最奥部に殻皮腺がある（図

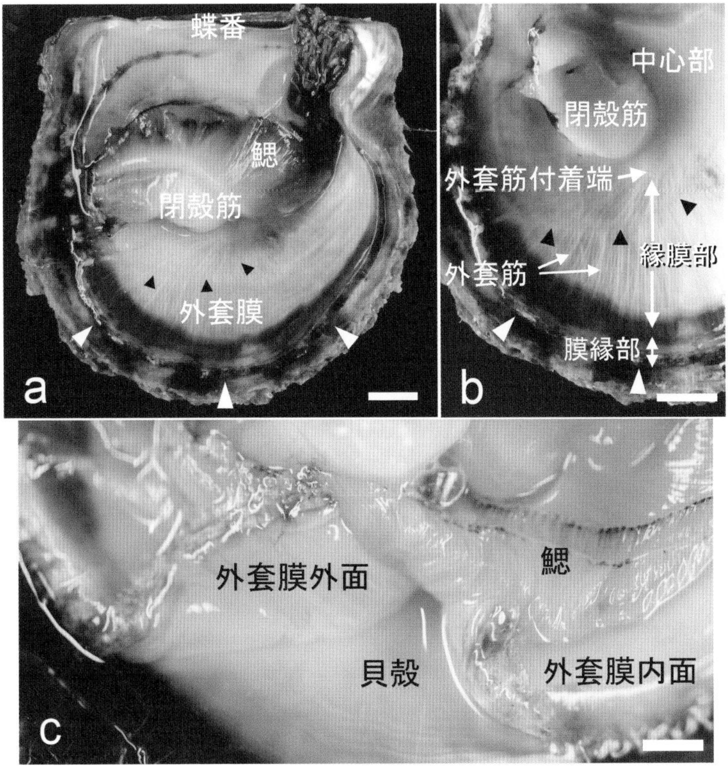

図2・1　アコヤガイの外套膜

a：右殻を除き，左殻内面が見えるようにした状態．右外套膜と右鰓，そして左鰓の後部を蝶番側へ上げ，左外套膜内面が見えるようにした．スケール = 10 mm．b：鰓，内臓塊を除き，中心部と外套筋付着端が見えるようにした状態．スケール = 10 mm．c：外套膜縁を背腹方向に切ってめくり，外面が見えるようにした状態．白矢じりは外套膜の縁を，黒矢じりは外套膜に左鰓が付着していた部分を示す．スケール = 5 mm．（a, b は淡路，2014 より改変して引用）

2・2 a）．

アコヤガイ外套膜縁膜部の外面には，茶褐色に着色した膜縁部に近い領域と，薄黄色に着色した中心部寄りの領域が明瞭に区別でき，これらの領域の境界が黒褐色の細い筋となって見える場合もあり，境界を色線《しきせん》と呼ぶ（図2・2 d）．中褶内面と内褶外面には褐色や白色を呈する帯が交互に並ぶことが多い（図2・2 b）．後で触れるが，これらの着色の元となる色素は外套膜外面の上皮細

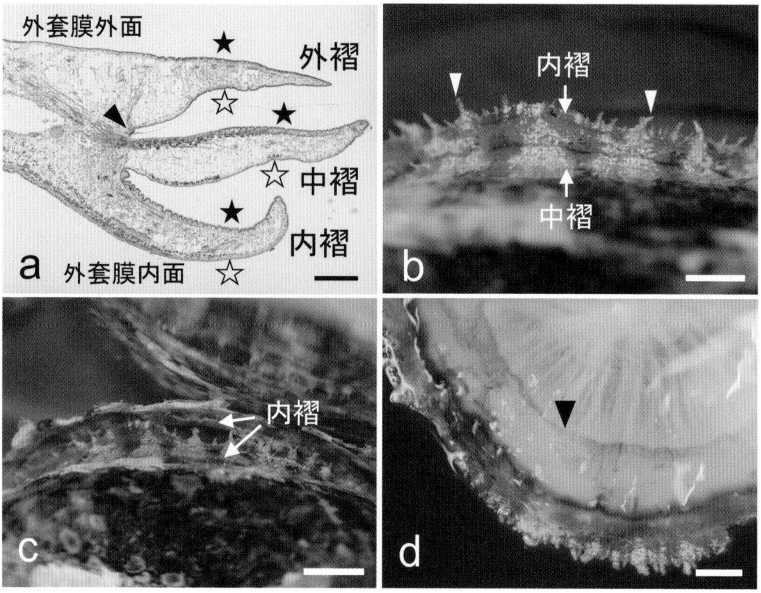

図２・２　アコヤガイ外套膜膜縁部と縁膜部の観察
a：外套膜膜縁部の組織像．黒星は各褶の外面，白星は各褶の内面，矢じりは殻皮腺を示す．スケール＝ 0.5 mm.　b：生貝の外套膜内褶と中褶．矢じりは内褶から伸びる細い突起．スケール＝ 5 mm．c：生貝の内褶．左右の外套膜内褶が貝殻の開いた隙間をふさぐ．スケール＝ 10 mm．d：外套膜外面の外観．矢じりは色線．スケール＝ 5 mm.

胞に含まれる．

2）外套膜外面と貝殻内面の構造の対応

アコヤガイの貝殻の内面を見るとヘリに近い部分は紫黒色，茶褐色や赤褐色をしており，中央寄りの部分には強い真珠光沢がある（図２・３ a）．貝殻内面を顕微鏡で拡大すると，ヘリに近い部分は多角形の炭酸カルシウム結晶が隙間なく並んでいるのが見える（図２・３ b）．これは稜柱《りょうちゅう》構造と呼ばれる貝殻構造で，多角形の結晶は方解石（カルサイト）である．一方，真珠光沢の部分には線状の模様が見え，さらに拡大すると平たい小さな炭酸カルシウム結晶が階段状に積み重なっているのがわかる（図２・３ b）．これは真珠構造と呼ばれる貝殻構造で，平たい結晶は同じ炭酸カルシウムでもあられ石（アラゴナイト）である．真珠光沢を示す領域の周辺部を観察すると，稜柱構造の上に真珠構造

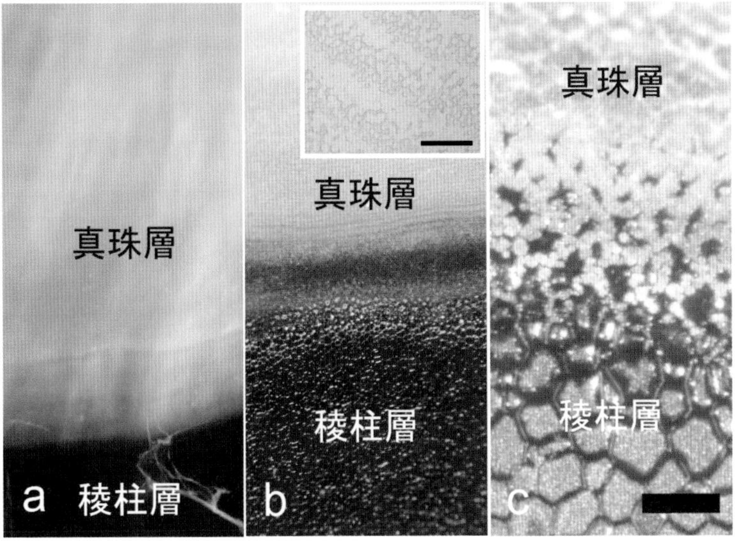

図2・3　アコヤガイ貝殻内面の構造
a：アコヤガイ貝殻内面の真珠層と稜柱層．b：真珠層と稜柱層の境界の拡大．上は真珠層部分の拡大．スケール＝15μm．c：境界部をさらに拡大した像．スケール＝0.1 mm．

が形成され始めているのを観察できる（図2・3 c）．アコヤガイの貝殻は稜柱構造をもつ稜柱層が外側にあり，中央部の内側に真珠構造をもつ真珠層がある．これらの構造を作る結晶の間や内部には有機基質と呼ばれるタンパク質，多糖，脂質を含む薄い層がある．この層があるので密集した多数の結晶は高い強度を保っている．

アコヤガイ外套膜の外面は貝殻内面に密着しており，外套膜の部位により稜柱構造，真珠構造を作り分けている．色素の分布など肉眼でわかる外套膜外面の特徴と貝殻内面の結晶構造の対応はよく解明されていない．また生きているアコヤガイでも生理状態に応じて外套膜の伸縮が見られ，外套膜と貝殻内面の位置関係は常に一定ではない可能性もある．一方，近年進められてきた貝殻有機基質タンパク質遺伝子の発現解析で，真珠構造に含まれる有機基質タンパク質の遺伝子は外套膜の背側（蝶番《ちょうつがい》側），稜柱構造の有機基質タンパク質遺伝子は腹側（膜縁部側）で発現し，その発現が外面上皮のある部分で背腹方向に明瞭に分かれる例が示されている（Marie *et al.*, 2012；Funabara *et al.*, 2014）．「ある部分」が外套膜のどこに相当するのか，今後精密な検討が必要である．

2・2　貝殻を作る細胞

1)　外套膜上皮を構成する細胞

貝類に限らず動物では，シート状に並んだ細胞で体表面が覆われており，このような組織を上皮と呼ぶ．外褶から蝶番に到る外套膜外面も，一層に並んだ細胞シートで覆われており，この組織は外面上皮（または外側上皮）と呼ばれる．外面上皮は貝殻に密着しており，外套膜のなかでも貝殻を作るのに非常に重要な役割を果たす．そのため外面上皮やその直下にはどのような形をした細胞が何種類あるのかに古くから関心が寄せられてきた．また中褶外面と外褶内面の上皮は殻皮溝を作るので，その構成細胞にも関心がもたれてきた．

アコヤガイでは小島（1949）と Ojima（1952）が外套膜の組織学的検討をおこない，外套膜外面の膜縁部から中心部には表皮細胞，粘液細胞，大顆粒細胞，粘液大顆粒混合細胞，そして少数の褐色顆粒細胞という 5 種類の細胞が観察されることを報告した．

Tsujii（1960）はアコヤガイ外套膜の組織化学的検討をおこない，その中で貝殻形成に重要な中褶外面，外褶内面そして外套膜外面については，単層の上皮細胞に覆われ，膜縁部から中心部に向けて上皮の厚み（上皮細胞の基底側から頂端側までの長さ）が薄くなること（図 2・4 a）とともに，上皮細胞間や上皮下に粘液細胞と数種類の大型の顆粒をもつ細胞が見られ、顆粒はアザン染色で細胞によって様々な色に染まることを報告している（アザン染色はアゾカルミン G，アニリンブルー，オレンジ G という 3 種の色素を用いた組織染色法で，細胞質内の顆粒や粘液はその性質によって赤，青，オレンジ色などに染め分けられる）．顆粒をもつ細胞の一部は小島（1949）と Ojima（1952）の大顆粒細胞に相当する．また小島（1949），Ojima（1952）そして Tsujii（1960）は、粘液細胞や大型の顆粒をもつ細胞がともに頂端側で外套膜外面に開口し，内容物が分泌されるとしている．

さらに Tsujii（1968a）は電子顕微鏡観察から，膜縁部の円柱状の上皮細胞には細胞質内の粗面小胞体の形態やライソゾームの有無などが異なる 2 種類のタイプが存在することを報告し，貝殻形成に関わる物質の分泌サイクルを推定している．また膜縁部の中でも縁膜部に近い部分には，細胞質にライソゾームの多い細胞が局所的に分布することを報告し，貝殻内面の結晶構造が変化する部分との対応を推定している．そして外套膜外面中心部には電子密度の異なる顆粒を多数含む細胞が上皮細胞間や上皮下に分布することを報告している．

近縁の真珠貝の外套膜上皮についても報告がある．シロチョウガイ *P. maxima* では，中褶外面と外褶内面そして外套膜外面が単層の上皮細胞で覆われること，上皮細胞間とその直下に酸性多糖を含む粘液細胞（染色性が若干異なる4タイプを含む）と好酸性でエオシンによく染まる顆粒をもつ細胞が分布することが報告されている（Dix, 1972, 1973）．クロチョウガイ *P. margaritifera* では光学顕微鏡および電子顕微鏡観察から，中褶外面と外褶内面そして外套膜外面が単層の上皮細胞で覆われ，一部の上皮細胞が微細な色素顆粒をもち，上皮細胞間や上皮直下には粘液細胞，顆粒をもつ細胞が分布することが示されている（Jabbour-Zahab *et al*., 1992）．このほかパナマチョウガイ *P. mazatlanica* についてもほぼ同様の結果が報告されている（Garcia-Gasca *et al*., 1994）．

興味深いことに，繊毛をもつ上皮細胞が外套膜外面上皮（中原，1962a; Jabbour-Zahab *et al*., 1992）や真珠袋（Aoki, 1966；町井，1968；Tsujii, 1968b）に存在することが報告されている．中原

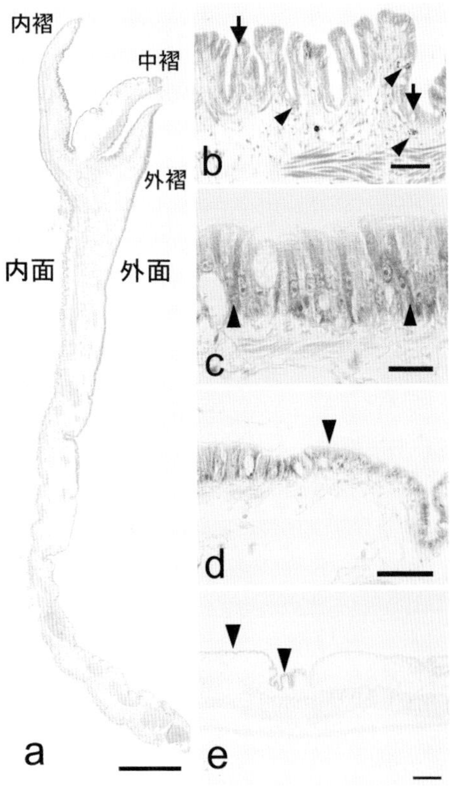

図2・4　アコヤガイ外套膜の組織像
a：膜縁部から縁膜部の組織像．外面表層の青紫色に染まる薄い層が外面上皮．スケール = 0.5 mm．b：アコヤガイ外套膜外面上皮に存在する3種類の細胞．表層の青く染まる細胞が外面上皮細胞．矢じりは大型の顆粒をもつ細胞，矢印は粘液細胞を示す．スケール = 50μm．c：膜縁部の外面上皮細胞．矢じりは酸好性の微細な顆粒をもつ細胞．スケール = 50μm．d：縁膜部の外面上皮細胞．cより上皮の厚みが減少する．矢じりは厚みが急に変化する箇所．スケール = 50μm．e：色線を挟む部分の無染色標本．矢じりは色素を含む外面上皮細胞．スケール = 0.1 mm．(b，c，dはAwaji and Machii，2011より改変して引用)

(1962b) は外套膜中心部の外面上皮と貝殻の間に少量注入したカーミン粒子が貝殻縁に向けて移動することを報告し，外面上皮の繊毛の動きが貝殻内面と外套膜外面の間にある外套外液の貝殻縁への流動を助けると推定している（中原, 1962a）.

以上のように，アコヤガイや近縁の真珠貝の外套膜上皮を構成する細胞の組織学的な分類は報告によって記載の細かさや内容が異なるが，総合して考えると貝殻形成に重要な中褶外面，外褶内面そして外套膜外面の上皮を構成する主な細胞として，形態的に少なくとも 3 種類の細胞，すなわち上皮細胞，粘液細胞，そして大型の顆粒をもつ細胞があると考えられる（図 2・4b）．これらについてさらに紹介する.

2）上皮細胞

アコヤガイ外套膜上皮を構成する 3 種の細胞の中で構成比率が高いのは上皮細胞である．貝殻に密着する外面上皮を構成する上皮細胞は外面上皮細胞と呼ばれ，この細胞は貝殻に面する側にのみ微絨毛があり明確な極性をもつ.

外面上皮細胞は形状や細胞質内の微細な顆粒の有無などから，さらにいくつかのタイプを判別できる．たとえば外套膜膜縁部から縁膜部，中心部へと向かうにつれて外面上皮は厚みが薄くなるが，それは外面上皮細胞の形状が円柱状から立方体状，さらには円盤状へと形が変化するためである（図 2・4 c, d）. また十分に麻酔してから作成した組織標本上では，外面上皮細胞の形状が円柱状から立方体状へと急に変化する場所が観察できる場合がある（図 2・4 d）. このような外套膜膜縁部から縁膜部，中心部への形態の変化は，産生する貝殻有機基質タンパク質の違いと対応し，稜柱構造のみに含まれるタンパク質は膜縁部と外褶内面と中褶外面を中心に分布する円柱状または立方体状の上皮細胞，真珠構造のみに含まれるタンパク質は縁膜部に分布する立方体状または円盤状の上皮細胞で遺伝子が発現し，両方に含まれるものは膜縁部と縁膜部の両方で遺伝子発現している（Funabara *et al.*, 2014）．しかし最近の解析では，アコヤガイの貝殻有機基質は非常に多くの種類のタンパク質で構成されることが明らかになってきている（Mariom *et al.*, 2019）．外套膜の部位により稜柱構造と真珠構造の作り分けがあるとしても，例えば真珠層有機基質タンパク質をつくる領域の細胞であればどの細胞も全ての有機基質タンパク質を合成，分泌するのか，それとも何らかの役割分担があるのかは明確でない．今後形態と機能を組み合わせた外面上皮細胞の細分類を進めることが必要であろう.

前述のように肉眼で外套膜外面を観察すると，外套膜膜縁部や縁膜部が着色し，色線があるのを観察できる（図2・2 d）．この色の違いは外面上皮細胞自身がもつ色素による（図2・4 e）．膜縁部の茶褐色の色素の性状は明確でないが、貝殻稜柱層の黒色を呈する部分はポルフィリン色素（主にウロポルフィリンⅠ）を含み（沢田，1958），外套膜にも同じ色素が存在することが生化学的に示されている（沢田，1961）．また Nagai *et al.*（2007）はアコヤガイ貝殻稜柱層有機基質にメラニン合成に関与するチロシナーゼ（Pfty1，2）が含まれ，その遺伝子は縁膜部を中心に発現することを示している．外套膜の部位による含有色素の差は，染色した組織標本で外面上皮細胞の細胞質内に観察される微細な顆粒（たとえば図2・4 c）の差と関連する可能性が高く，肉眼で観察できる色と細胞質内の微細な顆粒の対応からも外面上皮細胞を細分類し，外面上皮細胞の形態，機能と含有色素の対応を整理する必要がある.

外面上皮細胞以外では，アコヤガイの中褶外面と外褶内面の上皮細胞，すなわち殻皮溝の上皮細胞は，アコヤガイの酸性ホスファターゼ（AcPaseI）に対する抗体と陽性反応することが示されている（Jing *et al.*, 2007）．外套膜膜縁部に酸性フォスファターゼ活性があることは古くから知られており，貝殻の再生や殻皮の形成に関与するとされている（Salueddin and Petit, 1983）．また Zhang *et al.*（2006）はチロシナーゼ（OT47）遺伝子が中褶外面で発現することを示しており，殻皮の硬化（Salueddin and Petit, 1983）に関与する可能性がある.

3）粘液細胞

小島（1949）と Ojima（1952）は粘液細胞がトルイジンブルー染色で赤紫色に染まり，上皮細胞間にある小型のものと，上皮直下にあり上皮細胞間に開口する大型のもの，そして空胞化しているものがあることを報告し，分泌活動による形態変化とした．Tsujii（1960）も中褶と縁膜部に同様の染色性と形態変化を示す粘液細胞があり，アザン染色では青い顆粒をもつ細胞であると報告している．トルイジンブルー染色で本来の紺色ではなく赤紫色に染まることはメタクロマジー（異調染色）といい，トルイジンブルーは硫酸基やカルボキシル基をもつ成分と反応すると赤紫色を呈する．したがって組織化学的には粘液細胞にヒアルロン酸やコンドロイチン硫酸など酸性粘液多糖や酸性糖タンパク質が存在すると考えられる.

粘液が貝殻や真珠の形成で果たす役割については，アコヤガイの外套膜と貝殻の間にカバーガラスを挿入して貝殻形成初期過程を観察した実験結果が示唆に富む．この実験ではカバーガラス表面にメタクロマジーを示す顆粒，すなわち酸性粘液多糖や酸性糖タンパク質などを含むと推定される顆粒が沈着し，その部分でのみ炭酸カルシウム結晶形成が誘起されるのが観察されている（和田，1985）．また殻皮に最初に形成される炭酸カルシウム結晶においても同様の構造が観察されている（和田，1985；Cuif and Dauphin, 2019）．このメタクロマジーを示す顆粒と粘液細胞の内容物との関連が考えられるが，明確ではない（和田，1966）．最近，糖に硫酸基を付加する carbohydrate sulfotransferase（CHST11a, b, CHST1b）の cDNA 塩基配列と遺伝子発現部位がアコヤガイで報告された（Wang *et al*., 2017；Hao *et al*., 2018）．ともに外套膜中心部で遺伝子発現が高いことが示されているが，どの細胞で発現しているかは明らかでない．

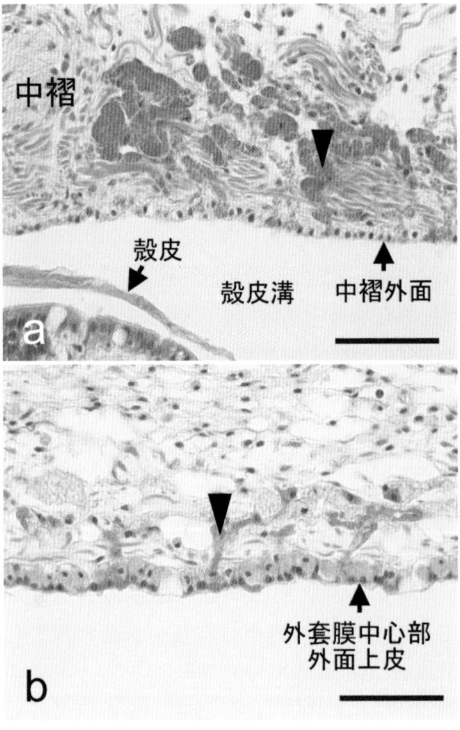

図２・５　大型の顆粒をもつ細胞
a：中褶外面の上皮下に分布する顆粒細胞（矢じり）．
b：外套膜中央部の外面上皮下に分布する顆粒細胞（矢じり）．a, b ともにスケール = 50μm

4）大型の顆粒をもつ細胞

大型の顆粒をもつ細胞は Tsujii（1960）が報告しているように，その分布する位置や顆粒の多様な染色性からさらに細かく分類できると考えられる．その中でもアコヤガイ外套膜で特に目立つのは中褶の外面上皮下に多数存在するタイプ（図２・5a）と，外套膜中心部の外面上皮下に存在するタイプ（図２・5b）である．

中褶に多数存在するタイプの細胞の顆粒は好酸性でエオシンによく染まるが，トルイジンブルー染色ではメタクロマジーを示す細胞と示さない細胞があり，アザン染色では赤色に染まる細胞とオレンジ色に染まる細胞の2種類があるとされている（Tsujii, 1960）.

外套膜中心部の外面上皮下に存在するタイプの細胞の顆粒は好酸性でエオシンによく染まり，アザン染色ではオレンジ色に染まり，PAS反応（periodic acid-Schiff, 過ヨウ素酸 - シッフ反応）に陽性であると報告されている（Tsujii, 1960）. PAS反応はグリコーゲンなど単純多糖や中性糖タンパク質が陽性を示し，組織標本で赤紫色に染色される.

大型の顆粒をもつ細胞に含まれる様々な顆粒に具体的にどのような物質が含まれているかは全く明らかでない. 顆粒に含まれる物質が貝殻や真珠の形成に何らかの役割を果たしている可能性があり，今後の生化学的な検討や抗体などを用いた組織学的検討が待たれる.

2・3　真珠袋の細胞

1）真珠袋の形成

アコヤガイの真珠養殖では，外套膜採取用に準備した貝（細胞貝，ピース貝）から作った外套膜小片（ピース）と貝殻でできた真珠核を別の貝（母貝）の生殖巣内に移植し，真珠袋を形成させる. ピースを作成する際には一般に縁膜部の色線を挟む領域を切り出し，板の上で外套膜内面をこすって外套膜を薄く延ばし，それを2，3 mm角に切って挿核に用いる（図2・6 a）. ピースを作る時に外套膜内面をこすって延ばすため，外套膜内面上皮はほとんど剥がれ落ち，ピースには薄く延ばされた筋肉や結合組織層の上に一層の外面上皮が残っている.

ピースと真珠核を母貝の生殖巣に移植（挿核）すると，ピースや挿核部位の組織が変化し，真珠袋の形成が進む. 真珠袋形成過程を町井・中原（1957）はピースの組織学的形状に基づき以下の4期に区分している. 第1期，ピースには大きな変化が認められない；第2期，ピースの断面は三日月形を呈する；第3期，真珠袋上皮細胞は完全に真珠核を取りまく；第4期，真珠核表面に沈着物がみられる.

挿核直後の第1期には，まず体表や体内にできた傷を治すため血液細胞が挿核部周囲に集まってくる. アコヤガイの血液細胞は形態から，無顆粒血球，顆粒血球Ⅰ，顆粒血球Ⅱ（Ⅰよりも小型で顆粒も小さい）に分類される［アコヤ

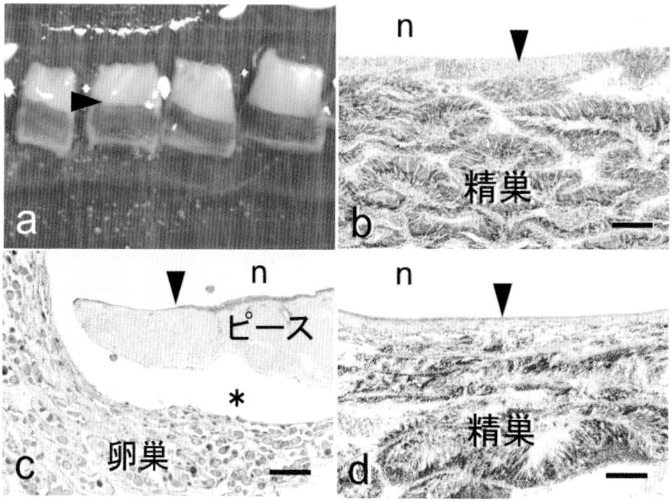

図2・6　アコヤガイの真珠袋形成過程
a：アコヤガイのピース．色線（矢じり）を挟む部分から切り出すため，外面には茶色の部分と白色の部分がある．b：挿核後2日目．真珠核を取り巻く血球層（矢じり）が形成されている．スケール＝80µm．c：挿核後4日目．ピースが三日月形になり，ピース縁辺部の外面上皮（矢じり）が偏平化している．＊は標本作成時に生じたピースと卵巣組織の隙間．スケール＝160µm．d：挿核後14日目．真珠核を取り巻く真珠袋上皮（矢じり）が出来上がる．スケール＝40µm．n は真珠核のあった場所を示す．（b，c は Awaji and Machii，2011 より改変して引用）

ガイ血液細胞の分類は Kuchel *et al.*（2010）や Li *et al.*（2015）なども報告しているが、ここでは船越（2000）に従う]．傷に集まる血液細胞には無顆粒血球と顆粒血球 I が多く，真珠核やピースと母貝生殖巣組織の間やピース内部に観察される（町井，1968）．そして挿核で切断され障害を受けた組織や生殖細胞を活発に貪食して傷口から除く（鈴木ら，1988）．貪食能は無顆粒血球で高いことが確認されている（船越，2000）．その後無顆粒血球が多数集まり層状に重なって傷口をふさぎ，真珠核とピースを取り囲んで包囲する（図2・6 b）．この結果ピースは周囲の組織と結びつき，真珠核も安定化する（町井，1968）．層状に重なった細胞間にはやがてコラーゲンやフィブロネクチン様タンパク質などを含む細胞外基質が形成される（Suzuki *et al.*, 1991；Suzuki and Funakoshi, 1992）．

真珠核とピースの周囲に無顆粒血球の層ができ始めるのと並行して，ピースの外面上皮細胞が縁辺部から偏平化し始め，無顆粒血球の層あるいは生殖巣傷面に沿って遊走を始め第2期に入る（図2・6 c）．組織像では，遊走する上皮細胞は真珠核にそって伸びる偏平な一層の上皮として確認でき，細胞間結合を保ったまま遊走するのが観察できる（図2・6 d）．また偏平化しても真珠核に面する側には微絨毛が認められ，外套膜表面にあったときと同じ極性が保たれている（Suzuki *et al.*, 1991）．一方，町井（1968）はカバーグラス法（2枚のカバーグラス小片の間に外套膜小片を挟んで閉殻筋内に移植し，一定期間後に回収して結晶形成の進行やそれに関わる生細胞を観察する方法）で，単細胞となった外面上皮細胞が外套膜小片から多数遊走するのを確認している．偏平化し遊走する上皮細胞の中にDNA合成すなわち増殖している細胞も確認できる（Awaji and Suzuki, 1995）．ピースから周囲に伸びていった外面上皮細胞はやがて真珠核全体を取り巻き（図2・6 d），真珠袋が完成して第3期に入る．

挿核してから真珠袋が完成するまでの日数は挿核後の貝の養生（挿核手術の傷が治るのに適した養殖を行う）期間を決める重要な要因となる．その日数は水温によって変化し，水温が15～30℃の範囲では水温の高い時ほど真珠袋が早く形成され，真珠核表面への沈着物が認められるのも早いと報告されている（Kawakami, 1953；青木，1956；町井・中原，1957）．また真珠核の大きさや，ピースと真珠核のサイズの相対的な関係も日数に若干影響するが，水温ほど影響しない（町井，1958）．

最近，真珠のシミ・キズを低減させるのに有効な技術として低塩分養生法が報告されている（Atsumi *et al.*, 2014）．これは挿核後のアコヤガイの養生を，常法の静かな海面でなく，塩分25の海水を満たした循環水槽中で8日間無給餌飼育して行う方法である．低塩分養生がシミ・キズ低減効果をもたらす理由として，低塩分下では真珠袋形成の速度が通常の海水で飼育した場合より遅くなり，常法より傷の治癒が進んでから真珠袋が形成されるので，真珠核と母貝組織の間にある壊死した血液細胞などを巻き込みにくくなるためと考えられている（Atsumi *et al.*, 2018）．

移植前のピースの外面上皮細胞は貝殻形成を主な機能とし，形態，含有色素，合成するタンパク質などが異なる細胞の集団であったワケであるが，挿核後は傷の治癒のためのプログラムに従って偏平化して遊走をはじめ，それまでとは全く異なる機能を示す（町井，1968）．そして真珠袋が完成すると，再び貝殻形成機能を発揮し始める．真珠袋形成過程での様々な遺伝子の発現変動を網羅的発現遺伝子解析（RNA-seq）した結果においても，貝殻有機基質タンパク質の遺伝子発現がいったん低下したのち，また上昇するといった変化が認められている（Mariom *et al*., 2019）．興味深いことにこの解析で，真珠袋形成過程で幹細胞マーカーとして知られる遺伝子が発現することも報告されており，外套膜外面上皮にも幹細胞が存在し外套膜組織の更新，再生や真珠袋形成に関わっている可能性がある．また挿核に伴い周囲の結合組織中で血液細胞が産生されることも報告されており（Suzuki and Awaji, 1995），このような造血に関わる幹細胞の存在もありうる．

外面上皮細胞の偏平化や遊走に関与する因子やその遺伝子は明らかでない．真珠袋が形成される際に上皮細胞や血液細胞に起こる様々な組織学的な変化は，実験的に傷つけた外套膜が修復される過程で傷口に起こる組織学的な変化ときわめて似ている（Acosta-Salmon and Southgate, 2006）．二枚貝類の創傷治癒機構について，他の動物との比較を進めることでも，真珠袋形成過程のより詳細な理解が進むと考えられる．また外面上皮細胞の偏平化，遊走そして増殖は，外套膜から分離した外面上皮細胞を血液細胞と共培養することで実験的に一部再現できる（Awaji and Suzuki, 1998）．偏平化や遊走に関与する因子の解析はこのように単純化された実験系での解析も有効と考えられる．

2）真珠袋を構成する細胞

出来上がった真珠袋を構成する細胞の種類は基本的に外面上皮と同じで，真珠袋上皮細胞，粘液細胞，そして大型の顆粒をもつ細胞（図 2・7 a）が観察される（Aoki, 1966）．

真珠袋上皮細胞の形態と形成される結晶構造の関係は古くから研究されている．真珠はその表面の構造により真珠層真珠，稜柱層真珠，有機質真珠に区別できる．表面に真珠構造をもつ真珠層真珠を作っている真珠袋上皮細胞は円盤状または立方体状で厚さは 2 ～ 10 μm 程度（図 2・7 b），稜柱構造をもつ稜柱層真珠を作るものは立方体状または円柱状で厚さは 5 ～ 30 μm 程度（図 2・7 c）である（町井，1968）．また有機質を作る真珠袋上皮は非常に細長い円柱状で厚さは 10 ～ 100 μm 程度で（図 2・7 d），細胞質の一部に酸好性でアザン染色では赤く染まる顆粒があるのがよく観察される（Aoki, 1966；町井，1968）．この顆粒にはリン脂質が含まれることが組織化学的に示されている（町井，1964）．また有機質はその染色性から 3 種類に区別されること（町井，1968）、

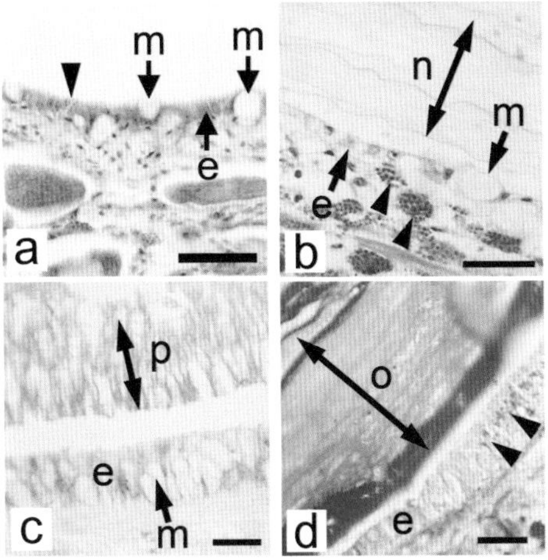

図2・7　アコヤガイ真珠袋の組織像
a：真珠袋上皮を構成する細胞．矢じりは大型の顆粒をもつ細胞．スケール＝40 µm．b：真珠構造をつくる真珠袋．矢じりは大型の顆粒をもつ細胞．n は真珠層．スケール＝20 µm．c：稜柱構造をつくる真珠袋．p は稜柱層．スケール＝150 µm．d：有機質を分泌する真珠袋．矢じりは細胞質に含まれる微細な顆粒．o は有機質．スケール＝250 µm．共通して e は真珠袋上皮，m は粘液細胞を示す．（b, c, d は Awaji and Machii，2011 より改変して引用）

有機質が形成されるのは真珠袋と真珠核の間に壊死した細胞がある個所や真珠袋外側に血液細胞が集まり炎症様になっている個所であること（Aoki, 1966）が報告されている．

外套膜外面上皮と同様に，真珠袋上皮にはしばしば粘液細胞が観察され，空胞化した細胞も観察されている（Aoki, 1966；町井，1968）．粘液細胞の出現頻度には真珠袋による差や真珠袋の部位による差がみられるが、その多寡と真珠袋上皮細胞の厚み，形成される結晶構造などの関係は明らかでない．

大型の顆粒をもつ細胞も真珠袋中に観察されるが，その真珠形成での役割については明らかでない．青木（1959）は、通常とは異なり外套膜中心部からピースを作成した場合，形成される真珠袋に外套膜中心部上皮下に多い大きな顆粒をもつ細胞は見られなくなると報告している．

表面に真珠構造をもつ真珠層真珠の断面をみると，内側から有機質、稜柱構造、真珠構造の順序で真珠が形成されている場合が少なくない．しかしこの順序は固定されたものではなく，真珠層の外側に突然有機質や稜柱層が形成されることもある．このような場合，真珠袋外側に血液細胞が集まり炎症様になっていることがある（Aoki, 1966）．その場合でも真珠袋上皮細胞の形態は，真珠核表面に最初に有機質を形成する場合と変わらない（Aoki, 1966）．

最近クロチョウガイで，真珠袋内で真珠が回転しているという観測結果が発表された（Gueguen *et al*., 2015）．真珠は完全に真円のものに高い価値があるが，クロチョウガイやシロチョウガイではしばしば轆轤《ろくろ》で成形したような輪やくびれをもつ真珠が形成される．Gueguen *et al*.（2015）は、このような真珠は何らかの障害により，真珠袋内での真珠の回転が一定方向に限られたため形成され，一方，真円の真珠は真珠袋内での回転方向が無作為に変化するため真円になると報告している．真珠袋内で真珠が回転する仕組みについてはまだ明らかでないが，真珠袋を構成する細胞が真珠を回転させる可能性もある．

3）真珠袋の真珠形成機能

前述のように，真珠表面に真珠構造を作る真珠袋の上皮細胞の形態は円盤状または立方体状，稜柱構造を作るものは立方体状または円柱状になっており，細胞の形態と作る結晶構造の関係は，外套膜外面上皮細胞の形態と貝殻内面の結晶構造の関係と類似している．また遺伝子発現では，真珠構造を作っている上皮細胞では貝殻真珠層に含まれる貝殻有機基質タンパク質の遺伝子が発現し，稜柱構造を作る上皮細胞では貝殻稜柱層に含まれる有機基質タンパク質の遺伝子が発現することが報告されている（Sato *et al.*, 2013）．このように真珠袋上皮細胞は形態と遺伝子発現の両面において，外套膜外面上皮細胞と類似している．しかし，より多数の有機基質タンパク質遺伝子についてRNA-seqで発現を解析すると，真珠層を形成している真珠袋の遺伝子発現の様相は，同じ母貝で貝殻真珠層を形成する外套膜縁膜部の遺伝子発現と違うのが明らかになっている（Kinoshita *et al.*, 2011）．電子顕微鏡観察では真珠核を取り巻く真珠構造は貝殻で形成されるものと同じで，細胞の形態も類似するにも関わらず，RNA-seqでとらえた遺伝子発現では外面上皮細胞と真珠袋上皮細胞は働きがやや異なるのである．

真珠袋上皮細胞が外面上皮細胞であった時と同じ機能を再現するのか，それとも異なる機能を示すようになるのかについては古くから議論されてきた．上述のRNA-seqの結果や，真珠袋上皮細胞が移植前の特徴（色素の含有や形態）をそのまま再現しないこと，完成した真珠袋では様々な真珠が形成され，それに対応し真珠袋上皮細胞の形態が異なってくることなどを考えると，真珠袋上皮細胞は外面上皮細胞であった時の機能を再現しないといえる．しかし，外套膜のどの部分からピースを採るとよい真珠が得られるかを検討した実験では，ピースを採る部位により巻きや稜柱構造，真珠構造の形成が異なることが示されている（宮村・牧戸，1958；青木，1959）．この結果からは，真珠袋上皮細胞の機能は移植前の外套膜の部位の影響を受けるといえる．また真珠の黄色味に関する実験では，遺伝的に黄色味の強い真珠層をもつアコヤガイを細胞貝とした場合は黄色味の強い真珠が得られ，遺伝的に黄色味の少ない真珠層をもつ貝を細胞貝とした場合は黄色味の少ない真珠が得られることがわかっている（和田克彦，1985）．この場合，真珠袋の機能は完全に移植前の細胞貝の遺伝的特性で決定されている．このように，真珠袋上皮細胞がピースとして切り出される前の特徴をどの程度再現するのかは，着目する形質によって異なる．真珠袋上皮細胞は本来分布していた外套膜外面とは全く異なる環境に移植されており，その環境の影響を強く受ける形質については移植前の表現型は失われ，一方，細胞貝の遺伝的特性で決まる形質については，移植前の表現型をそのまま再現することになるのであろう．またこれらの中間的な形質もあるのかもしれない．

真珠核を取り巻いて形成される真珠構造は，貝殻で形成されるものと同じ構造であると述べたが，稜柱構造についてはそう単純でないことが最近の研究で明らかになってきた．真珠を切断してその断面を観察すると，真珠核のすぐ外側には「稜柱様の柱状構造」を示す層があり，その外側に真珠層が形成されていることがしばしば観察される（古丸ら，2014）．従来この「稜柱様の柱状構造」は，貝殻の稜柱構造と同じとみられてきた．しかし Sato and Komaru（2019）は，その結晶構造を解析したところ，真珠構造と同じアラゴナイトである場合が多いことを見出した．そして再生された貝殻でも真珠構造をとらないアラゴナイトが真珠層の前に形成される場合があることから，真珠形成は貝殻形成よりも貝殻再生に近いのではないかと述べている．貝殻再生が正常な貝殻形成と少し異なることは従来から示されてきた（Watabe, 1983）．最近のプロテオーム解析でも，再生させた貝殻の稜柱層に含まれる有機基質タンパク質は正常な稜柱層と類似するものの，真珠層のみに含まれるはずの有機基質タンパク質も検出されるなど，正常な稜柱層と若干異なることが示されている（Chen *et al.*, 2019）．このように真珠形成は正常な貝殻形成とは少し異なっており，このことも真珠袋上皮細胞の機能が正常な外面上皮細胞と異なってくる要因の 1 つと考えられる．

2・4　貝殻，真珠形成細胞が担う機能とその指標

貝殻や真珠を形成する細胞には，そのために当然備えていなければならない機能がある．例えば貝殻有機基質タンパク質の合成，分泌であるが，これについてはすでに触れてきた．ここでは貝殻，真珠形成細胞の機能のうち，これま

でに触れていない機能やその指標となる分子、そして予想される調節系について紹介する.

1) キチンの合成，分解

キチンは*N*- アセチル -D- グルコサミンがβ -1，4 結合で直鎖状につながった多糖であり，動物体内ではタンパク質と結合して存在している．アコヤガイの貝殻や真珠の有機基質に含まれる多糖の主要成分であり，真珠構造形成の際のコンパートメント（Bevelander and Nakahara, 1969）を構成すると考えられている（Rousseau *et al.*, 2009）．また Kintsu *et al.*（2017，2019）はアコヤガイ貝殻稜柱層のカルサイト結晶有機基質にキチンとキチン分解酵素（キチナーゼ PfCN, キトビアーゼ PfCB）が含まれることを確認し，分解酵素がキチンを消化して生じるキチン繊維が，稜柱構造の形成に重要な役割を果たすことを示している．このようにキチンは貝殻や真珠の主要な有機基質成分であり様々な機能をもつ．キチンの合成や分解に関し，アコヤガイではキチン合成酵素（PfCHS1）の cDNA 塩基配列が明らかにされており，外套膜膜縁部で遺伝子発現が高く，膜タンパク質でアクチンなど細胞骨格タンパク質と相互作用すると予想されるドメインをもつことが示されている（Suzuki *et al.*, 2007）．またキチン分解酵素については Li H *et al.*（2017）も cDNA 塩基配列（PfChi1）を報告しており，外套膜内褶外面上皮で遺伝子発現が高く，貝殻の再生時に発現が高まることを示している．しかしこれらの酵素の産生細胞は明確でない.

2) カルシウムイオンの貝殻内面，真珠袋内腔への輸送

貝殻や真珠の炭酸カルシウム結晶が形成されるには，結晶形成の場へカルシウムイオン（以下 Ca^{2+}）を大量に供給することが必要である．貝殻形成の場合，海水中の Ca^{2+} は鰓や体表から血リンパ液に取り込まれ，外面上皮細胞を介して貝殻内面に供給されると考えられている（Wilbur and Saleuddin, 1983）．しかし Ca^{2+} は細胞の様々な代謝に深く関わるので，細胞内 Ca^{2+} 濃度は厳密に調節されている．外套膜外面と貝殻内面の間隙にある外套外液の Ca^{2+} 濃度を測定した結果では，細胞内よりはるかに高く，血リンパ液とほぼ等しいことが示されている（和田，1988）．したがって，もし Ca^{2+} が外面上皮細胞内を基底側（血リンパ液側）から頂端側（貝殻側）へ輸送されるのならば，結合タンパク質による輸送などが予想される．また Ca^{2+} が外面上皮細胞間の間隙を通じて

血リンパ液から直接貝殻内面へと移動する可能性も指摘されている（Watabe, 1983；Wilbur and Saleuddin, 1983）.

一方，これらとは異なる Ca^{2+} 輸送機構として，炭酸カルシウム結晶が血液細胞内で形成され，貝殻再生の際に貝殻欠損部の内面に血液細胞が移動して結晶核を供給するという報告があり（Mount *et al*., 2004；Li *et al*., 2016），正常な貝殻の外套外液中の血液細胞に炭酸カルシウム結晶を観察した報告もある（Huang *et al*., 2018）．以前から，細胞内にカルシウムを蓄積するカルシウム細胞が外套膜，足，消化盲嚢などの結合組織中にあり，貝殻再生時の Ca^{2+} 輸送に関わるという報告があり（Watabe, 1983），血液細胞との関連が考えられる．今のところ Ca^{2+} の輸送経路は明確でないが，輸送に関わる可能性のある分子として voltage-gated calcium channel β subunit（PCaβ）, sarco/endoplasmic reticulum Ca^{2+}-ATPase（PSERA, B, C）がアコヤガイで報告されている（Fan *et al*., 2007a, b）．また Ca^{2+} 濃度を高めた人工海水でアコヤガイを飼育した実験では，外套膜組織中で filamin A（Pf-filamin A），sarcoplasmic Ca-binding protein（Pf-SCP）が増加し，真珠構造の表面に異常が生じると報告されている（Matsuura *et al*., 2018）.

3）結晶形成の場の pH の調節

炭酸カルシウム結晶ができる場合，重炭酸イオンから水素イオンが生じ，そのままでは結晶形成の場の pH が低下して結晶形成が不可能になる．様々な貝類の外套外液の pH を測定すると 7.3 ～ 8.4 に保たれており（Wilbur and Saleuddin, 1983），外套膜外面上皮細胞が pH を調節することを示している．この機構には炭酸脱水酵素（CA）がかかわる可能性が指摘されている（Wilbur and Saleuddin, 1983）．CA は二酸化炭素と水から重炭酸イオン，次いで炭酸イオンが生じる反応を両方向に触媒する酵素で，結晶形成で生じた水素イオンが重炭酸イオンと結合して二酸化炭素と水になるのを触媒し，二酸化炭素は外套外液から外面上皮細胞を介して血リンパ液中へと排出され、pH が低下するのを防ぐと考えられている（Wilbur and Saleuddin, 1983）．CA については，貝殻有機基質タンパク質ナクレインが CA 活性ドメインをもつことが知られているが（Miyamoto *et al*., 1996），CA は細胞膜にも存在し（Cudennec *et al*., 2006），そのような CA で結晶形成の場の pH が調節されている可能性が考えられる．アコヤガイで CA Ⅱ cDNA の部分塩基配列も報告されている（Miura *et al*.,

2013).

4）貝殻形成機能の調節

貝殻形成は体の成長の一側面であり，成長を調節するホルモンが貝殻形成を調節している可能性が高い．貝類の成長を調節するホルモンの候補としては，淡水産巻貝のヨーロッパモノアラガイ *Lymnaea stagnalis* で最初に発見されたインスリン関連ペプチドがあげられる（Cherif-Feildel *et al*., 2019）．*L. stagnalis* ではこの神経ペプチドを産生する神経細胞群を除去すると軟体部と殻の成長が止まり（Geraerts, 1976），殻皮形成や貝殻縁へのカルシウムの取り込みが低下すること（Dogterom *et al*., 1979; Dogterom and Jentjens, 1980）が示されている．アコヤガイではインスリン関連ペプチドの存在や構造は詳細に報告されていないが，マガキ *Crassostrea gigas* では 7 種類存在する（Cherif-Feildel *et al*., 2019）．またアコヤガイではインスリン受容体様タンパク質（Pfirr）とインスリン様成長因子（IGF）結合タンパク質様タンパク質（Pfigfbp）の cDNA 塩基配列と遺伝子発現変動が報告されている（Shi *et al*., 2013；Zhang *et al*., 2017）．

骨形成タンパク質（Bone Morphogenetic Protein, BMP）は脊椎動物の骨組織や軟骨組織の分化を誘導する因子として発見され，その後両生類や昆虫胚の背腹軸決定など胚発生の様々な過程で細胞分化に関与することがわかってきた，transforming growth factor-β（TGF-β）スーパーファミリーに属するタンパク質である．アコヤガイでも BMP2（Miyashita *et al*., 2008），BMP7（Yan *et al*., 2014）の塩基配列が明らかにされ，外套膜で高い遺伝子発現を示し，特に BMP2 は外套膜縁膜部の外面上皮細胞と外褶内面の上皮細胞で強く発現することが確認されている（Miyashita *et al*., 2008）．BMP 受容体の cDNA も報告されており（Yan *et al*., 2014；Li S *et al*., 2017），外套膜外褶と縁膜部の外面上皮細胞での発現が確認されている（Li S *et al*., 2017）．アコヤガイでの BMP の機能は明確でないが，カサガイ類の *Patella vulgata* では BMP2/4 が幼生外胚葉の殻形成領域を決定するのに関わることが示されている（Nederbragt *et al*., 2002）．

以上のように，貝殻，真珠がどのような細胞の働きで形成されるかはまだ解明されていない面が多く，これからの真珠研究の中核となる課題の 1 つであろう．今後，細胞レベルで真珠形成機構が解析されることで，養殖場の環境，貝の管理方法，挿核技術などを理解し改良するためのより信頼できる基盤が築かれ，新しい真珠養殖技術が開拓されることを期待したい．

文　献

Acosta-Salmon H, Southgate PC. Wound healing after excision of mantle tissue from the Akoya pearl oyster, *Pinctada fucata*. *Comp. Biochem. Physiol. A*. 2006; **143**: 264-268.

青木　駿．真珠袋形成に関する研究　特に秋と初冬に作業を行った場合について．国立真珠研究所報告 1956; **1**: 41 － 46.

青木　駿．真珠養殖における挿核手術に関する研究　Ⅲ．外套膜縁，外縁套膜，外套腔各部よりそれぞれ切り取られたピースを用いて施術を行った場合について．国立真珠研究所報告 1959; **5**: 503-515.

Aoki S. Comparative histological observations on the pearl-sac tissue forming nacreous, prismatic and periostracal pearls. *Bull. Jpn. Soc. Sci. Fish.* 1966; **32**: 1-10.

Atsumi T, Ishikawa T, Inoue N, Ishibashi R, Aoki H, Abe H, Kamiya N, Komaru A. Post-operative care of implanted pearl oysters *Pinctada fucata* in low salinity seawater improves the quality of pearls. *Aquaculture* 2014; **422-423**: 232-238.

Atsumi T, Aoki H, Tanaka S, Komaru A. Treatment effects during the post-operative care on the rate of pearl-sac formation in the pearl oyster *Pinctada fucata*. *Aquaculture* 2018; **483**: 154-162.

淡路雅彦．外套膜外面上皮細胞の移植による真珠形成．真珠研究の最前線―高品質真珠生産への展望（淡路雅彦，古丸　明，船原大輔編）恒星社厚生閣 . 2014: pp48-59.

Awaji M, Machii A. Fundamental studies on *in vivo* and *in vitro* pearl formation – Contribution of outer epithelial cells of pearl oyster mantle and pearl sacs. *Aqua-Bios. Monogr.* 2011; **4**: 1-39.

Awaji M, Suzuki T. The pattern of cell proliferation during pearl sac formation in the pearl oyster. *Fish. Sci.* 1995; **61**: 747-751.

Awaji M, Suzuki T. Monolayer formation and DNA synthesis of the outer epithelial cells from pearl oyster mantle in coculture with amebocytes. *In Vitro Cell. Dev. Biol. Animal* 1998; **34**: 486-491.

Bevelander G, Nakahara H. An electron microscope study of the formation of the nacreous layer in the shell of certain bivalve molluscs. *Calc. Tissue Res.* 1969; **3**: 84-92.

Chen Y, Liu C, Li S, Liu Z, Xie L, Zhang R. Repaired shells of the pearl oyster largely recapitulate normal prismatic layer growth: a proteomic study of shell matrix proteins. *ACS Biomater. Sci. Eng.* 2019; **5**: 519-529.

Cherif-Feildel M, Berthelin CH, Adeline B, Rivière G, Favrel P, Kellner K. Molecular evolution and functional characterization of insulin related peptides in molluscs: Contributions of *Crassostrea gigas* genomic and transcriptomic-wide screening. *Gen. Comp. Endocrinol.* 2019; **271**: 15-29.

Cudennec B, Rousseau M, Lopez E, Fouchereau-Peron M. CGRP stimulates gill carbonic anhydrase activity in molluscs via a common CT/CGRP receptor. *Peptides* 2006; **27**: 2678-2682.

Cuif J-P, Dauphin Y. The Marsh's membrane: A key-role for a forgotten structure. In: Endo K, Kogure T, Nagasawa H（eds）. *Biomineralization*. From Molecular and Nano-structural Analyses to Environmental Science. SpringerOpen. 2019: pp349-357.

Dauphin Y, Ball AD, Cotte M, Cuif J-P, Meibom A, Salome M, Susini J, Williams CT. Structure and composition of the nacre-prisms transition in the shell of *Pinctada margaritifera*（Mollusca, Bivaivia）. *Anal. Bioanal. Chem.* 2008; **390**: 1659-1669.

Dix TG. Histochemistry of mantle and pearl sac secretory cells in *Pinctada maxima*（Lamellibranchia）. *Aust. J. Zool.* 1972; **20**: 359-368.

Dix TG. Histology of the mantle and pearl sac of the pearl oyster *Pinctada maxima*（Lamellibranchia）. *J. Malacol. Soc. Aust.* 1973; **2**: 365-375.

Dogterom AA, van Loenhout H, van der Schors RC. The effects of the growth hormone of *Lymnaea stagnalis* on shell calcification. *Gen. Comp. Endocrinol.* 1979; **39**: 63-68.

Dogterom AA, Jentjens T. The effect of the growth hormone of the pond snail *Lymnaea stagnalis* on periostracum formation. *Comp. Biochem. Physiol.* 1980; **66A**: 687-690.

Falini G, Albeck S, Weiner S, Addadi L. Control of aragonite or calcite polymorphism by mollusk shell macromolecules. *Science* 1996; **271**: 67-69.

Fan W, Li C, Wang X, Gong N, Xie L, Zhang R. Cloning, characterization and expression analysis of calcium channel β subunit from pearl oyster（*Pinctada fucata*）. *J. Biosci. Bioengen.* 2007a; **104**: 47-54.

Fan W, Li C, Li S, Feng Q, Xie L, Zhang R. Cloning, characterization, and expression patterns of three sarco/endoplasmic reticulum Ca^{2+}-ATPase isoforms from pearl oyster（*Pinctada fucata*）. *Acta Biochim. Biophy. Sinica* 2007b; **39**: 722-730.

Funabara D, Ohmori F, Kinoshita S, Koyama H, Mizutani S, Ota A, Osakabe Y, Nagai K, Maeyama K, Okamoto K, Kanoh S, Asakawa S, Watabe S. Novel genes participating in the formation of prismatic and nacreous layers in the pearl oyster as revealed by their tissue distribution and RNA interference knockdown. *PLoS ONE* 2014; **9**: e84706.

船越将二．二枚貝類における血球の分類，形態および機能に関する研究．養殖研究所研究報告　2000; **29**: 1-103.

Galtsoff PS. The American oyster *Crassostrea virginica* Gmelin. Fishery Bulletin of the Fish and Wildlife Service Vol. 64. US Government Printing Office. 1964.

Garcia-Gasca A, Ochoa-Baez RI, Betancourt M. Microscopic anatomy of the mantle of the pearl oyster *Pinctada mazatlanica*（Hanley, 1856）. *J. Shellfish Res.* 1994; **13**: 85-91.

Geraerts WPM. Control of growth by the neurosecretory hormone of the light green cells in the freshwater snail *Lymnaea stagnalis*. *Gen. Comp. Endocrinol.* 1976; **29**: 61-71.

Gueguen Y, Czorlich Y, Mastail M, Le Tohic B, Defay D, Lyonnard P, Marigliano D, Gauthier J-P, Bari H, Lo C, Chabrier S, Le Moullac G. Yes, it turns: experimental evidence of pearl rotation during its formation. *Royal Soc. Open Sci.* 2015; **2**: 150144.

Hao R, Zheng Z, Wang Q, Du X, Deng Y, Huang R. Molecular and functional analysis of PmCHST1b in nacre formation of *Pinctada fucata martensii*. *Comp. Biochem. Physiol. B* 2018; **225**: 13-20

Huang J, Li S, Liu Y, Liu C, Xie L, Zhang R. Hemocytes in the extrapallial space of *Pinctada fucata* are involved in immunity and biomineralization. *Sci. Rep.* 2018; **8**: 4657.

Jabbour-Zahab R, Chagot D, Blanc F, Grizel H. Mantle histology, histochemistry and ultrastructure of the pearl oyster *Pinctada margaritifera*（L.）. *Aquat. Living Resour.* 1992; **5**: 287-298.

Jing G, Yan Z, Li Y, Xie L, Zhang R. Immunolocalization of an acid phosphatase from pearl oyster（*Pinctada fucata*）and its *in vitro* effects on calcium carbonate crystal formation. *Mar. Biotechnol.* 2007; **9**: 650-659.

Kawakami I. Studies on pearl-sac formation II. The effect of water temperature and freshness of transplant on pearl-sac formation. *Annot. Zool. Jpn.* 1953; **26**: 217-222 with one plate.

Kinoshita S, Wang N, Inoue H, Maeyama K, Okamoto K, Nagai K, Kondo H, Hirono I, Asakawa S, Watabe S. Deep sequencing of ESTs from nacreous and prismatic layer producing tissues and a screen for novel shell formation-related genes in the pearl oyster. *PLoS ONE*. 2011; **6**: e21238.

Kintsu H, Okumura T, Negishi L, Ifuku S, Kogure T, Sakuda S, Suzuki M. Crystal defects induced by chitin and chitinolytic enzymes in the prismatic layer of *Pinctada fucata*. *Biochem. Biophys. Res. Commun.* 2017; **489**: 89-95.

Kintsu H, Okumura T, Negishi L, Ifuku S, Kogure T, Sakuda S, Suzuki M. Chitin degraded by chitinolytic enzymes induces crystal defects of calcites. In: Endo K, Kogure T, Nagasawa H（eds）. Biomineralization. From Molecular and Nano-structural Analyses to Environmental Science. SpringerOpen. 2019: pp375-381.

古丸　明，佐藤　友，井上誠章．真珠の品質と真珠袋上皮細胞における遺伝子発現．真珠研究の最前線―高品質真珠生産への展望（淡路雅彦，古丸明，舩原大輔編）恒星社厚生閣．2014: pp100-114

Kuchel RP, Raftos DA, Birch D, Vella N. Haemocyte morphology and function in the Akoya pearl oyster, *Pinctada imbricata*. *J. Invert. Pathol.* 2010; **105**: 36-48.

Li H, Wang D, Deng Z, Huang G, Fan S, Zhou D, Liu B, Zhang B, Yu D. Molecular characterization and expression analysis of chitinase from the pearl oyster *Pinctada fucata*. *Comp. Biochem. Physiol. Part B*. 2017; **203**: 141-148.

Li S, Liu Y, Huang J, Zhan A, Xie L, Zhang R. The receptor genes *PfBMPR1B* and *PfBAMBI* are involved in regulating shell biomineralization in the pearl oyster *Pinctada fucata*. *Sci. Rep.* 2017; **7**:9219.

Li S, Liu Y, Liu C, Huang J, Zheng G, Xie L, Zhang R. Morphology and classification of hemocytes in *Pinctada fucata* and their responses to ocean acidification and warming. *Fish Shellfish Immunol.* 2015; **45**: 194-202.

Li S, Liu Y, Liu C, Huang J, Zheng G, Xie L, Zhang R. Hemocyte participate in calcium carbonate crystal formation, transportation and shell regeneration in the pearl oyster *Pinctada fucata*. *Fish Shellfish Immunol.* 2016; **51**: 263-270.

町井　昭．真珠袋の組織学的研究 VI．核及びピースの大きさによる真珠袋形成速度の差異．国立真珠研究所報告 1958; **4**: 284-287.

町井　昭，中原　晧．真珠袋の組織学的研究 II．季節による真珠袋形成速度の差異．国立真珠研究所報告 1957; **2**: 107-112.

町井　昭．真珠袋の組織学的研究 IX．リン脂質の組織学的証明．国立真珠研究所報告 1964; **9**: 1073-1077.

町井　昭．真珠袋形成に関する組織学的研究．国立真珠研究所報告 1968; **13**: 1489-1539.

Marie B, Joubert C, Tayale A, Zanella-Cléon I, Belliard C, Piquemal D, Cochennec-Laureau N, Marin F, Gueguen Y, Montagnani C. Different secretory repertoires control the biomineralization process of prism and nacre deposition of the pearl oyster shell. *Proc. Natl. Acad. Sci. USA* 2012; **109**: 20986-20991.

Mariom, Take S, Igarashi Y, Yoshitake K, Asakawa S, Maeyama K, Nagai K, Watabe S, Kinoshita S. Gene expression profiles at different stages for formation of pearl sac and pearl in the pearl oyster *Pinctada fucata*. *BMC Genomics* 2019; **20**: 240.

Matsuura A, Yoshimura K, Kintsu H, Atsumi T, Tsuchihashi Y, Takeuchi T, Satoh N, Negishi L, Sakuda S, Asakura T, Imura Y, Yoshimura E, Suzuki M. Structural and functional analyses of calcium ion response factors in the mantle of *Pinctada fucata*. *J. Struct. Biol.* 2018; **204**: 240-249.

Miura T, Miura C, Fukushima E, Iwai T, Celino FT, Watanabe N, Uehara M, Ohashi H, Yoshida S, Hosokawa H, Urasaki S, Kuwayama K, Uchimura Y, Sone K, Odawara K, Ido A. Recent research trends for the culture of pearls in Uwa-sea of Ehime prefecture, Japan. In: Watabe S, Maeyama K, Nagasawa H（eds）. *Recent Advances in Pearl Research*. TERRAPUB. 2013: pp207-229.

Miyamoto H, Miyashita T, Okushima M, Nakano S, Morita T, Matsushiro A. A carbonic anhydrase from the nacreous layer in oyster pearls. *Proc. Natl. Acad. Sci. USA*. 1996; **93**: 9657-9660.

宮本裕史．貝殻基質タンパク質に基づいた貝殻・真珠の形成．真珠研究の最前線—高品質真珠生産への展望（淡路雅彦，古丸明，舩原大輔編）恒星社厚生閣． 2014: pp115-128

宮村光武，牧戸二彦．挿核手術に使用する外套膜片（ピース）の採取部位によるアコヤガイの養殖真珠の品質の相違について．*Bull. Japan. Soc. Sci. Fish.* 1958; **24**: 441-444.

Miyashita T, Hanashita T, Toriyama M, Takagi R, Akashika T, Higashikubo N. Gene cloning and biochemical characterization of the BMP-2 of *Pinctada fucata*. *Biosci. Biotechnol. Biochem.* 2008; **72**: 37-47.

Mount AS, Wheeler AP, Paradkar RP, Snider D. Hemocyte-mediated shell mineralization in the eastern oyster. *Science* 2004; **304**: 297-300.

Nagai K. A history of the cultured pearl industry. *Zool. Sci.* 2013; **30**: 783-793.

Nagai K, Yano M, Morimoto K, Miyamoto H. Tyrosinase localization in mollusk shells. *Comp. Biochem. Physiol. Part B* 2007; **146**: 207-214.

中原　晧．アコヤガイとハボウキガイの外套膜における粘液物質の行動について．国立真珠研究所報告 1962a; **8**: 871-878.

中原　晧．アコヤガイの外套膜と真珠袋の上皮細胞におけるカーミン粒子の摂取について．国立真珠研究所報告 1962b; **8**: 879-883.

Nederbragt AJ, van Loon AE, Dictus WJAG. Expression of *Patella vulgata* orthologs of *engrailed* and *dpp-BMP2/4* in adjacent domains during molluscan shell development suggests a conserved compartment boundary mechanism. *Dev. Biol.* 2002; **246**: 341-355.

小島吉雄．アコヤガイ外套膜の組織学的研究　特に腺細胞に関する観察．生物　1949; **4**: 201-205.

Ojima Y. Histological studies on the mantle of pearl oyster（*Pinctada martensii* Dunker）. *Cytol. Internat. J. Cytol.* 1952; **17**: 134-143.

Rousseau M, Meibom A, Gèze M, Bourrat X, Angellier M, Lopez E. Dynamics of sheet nacre formation in bivalves. *J. Struct. Biol.* 2009; **165**: 190-195.

Saleuddin ASM, Petit HP. The mode of formation and structure of the periostracum. In: Salueddin ASM, Wilbur KM（eds）. The Mollusca, Vol. 4. Academic Press. 1983: pp199-234.

Saruwatari K, Matsui T, Mukai H, Nagasawa H, Kogure T. Nucleation and growth of aragonite crystals at the growth front of nacres in pearl oyster, *Pinctada fucata*. *Biomaterials* 2009; **30**: 3028-3034.

Sato Y, Inoue N, Ishikawa T, Ishibashi R, Obata M, Aoki H, Atsumi T, Komaru A. Pearl microstructure and expression of shell matrix protein genes MSI31 and MSI60 in the pearl sac epithelium of *Pinctada fucata* by in situ hybridization. *PLoS ONE* 2013; **8**: e52372.

Sato Y, Komaru A. Pearl formation in the Japanese pearl oyster（*Pinctada fucata*）by $CaCO_3$ polymorphs: pearl quality-specific biomineralization processes and their similarity to shell regeneration. *Aquaculture Res.* 2019; **50**: 1710-1717.

沢田保夫．眞珠貝の生化学的研究　眞珠貝の色素．国立真珠研究所報告 1958; **4**: 335-339.

沢田保夫．真珠貝の生化学的研究 Ⅲ．アコヤガイ軟体部のポーフィリン色素の分布．国立真珠研究所報告 1961; **6**: 546-552.

Shi Y, Guan Y, He M. Molecular identification of insulin-related peptide receptor and its potential role in regulating development in *Pinctada fucata*. *Aquaculture* 2013; **408-409**: 118-127.

Suzuki M, Sakuda S, Nagasawa H. Identification of chitin in the prismatic layer of the shell and a chitin synthase gene from the Japanese pearl oyster, *Pinctada fucata*. *Biosci. Biotechnol. Biochem.* 2007; **71**: 1735-1744.

鈴木　徹，船越将二，和田浩爾．挿核手術によって生じた生殖巣傷面の修復．全真連技術研究会報 1988; **4**: 11-19.

Suzuki T, Awaji M. Wound-induced hematopoiesis in connective tissues of digestive canal in pearl oyster, *Pinctada fucata martensii*. *Mar. Biotechnol.* 1995; **3**: 168-170.

Suzuki T, Funakoshi S. Isolation of a fibronectin-like molecule from a marine bivalve, *Pinctada fucata*, and its secretion by amebocytes. *Zool. Sci.* 1992; **9**: 541-550.

Suzuki T, Yoshinaka R, Mizuta S, Funakoshi S, Wada K. Extracellular matrix formation by amebocytes during epithelial regeneration in the pearl oyster *Pinctada fucata*. *Cell Tissue Res.* 1991; **266**: 75-82.

Tsujii T. Studies on the mechanism of shell- and pearl-formation in mollusca. *J. Fac. Fish. Pref. Univ. Mie* 1960; **5**: 1-70.

Tsujii T. Studies on the mechanism of shell- and pearl-formation. X. the submicroscopic structure of the epithelial cells on the mantle of pearl oyster, *Pteria*（*Pinctada*）*martensii*（Dunker）. *Rep. Fac. Fish. Pref. Univ. Mie* 1968a; **6**: 41-57.

Tsujii T. Studies on the mechanism of shell- and pearl-formation. XI. The submicroscopic observations on the mechanism of formation of abnormal pearls and abnormal shell. *Rep. Fac. Fish. Pref. Univ. Mie* 1968b; **6**: 59-66.

和田克彦．アコヤガイ貝殻真珠層色選抜系統で生産された真珠について．養殖研究所研究報告 1985; **7**: 1-7.

和田浩爾．軟体動物の石灰化組織の鉱物化に関する研究 XIII．外套における粘液細胞の分布状態とその内容の組織化学的研究．国立真珠研究所報告　1966; **11**: 1283-1297.

和田浩爾．二枚貝貝殻石灰化における $CaCO_3$ 結晶の成長．日本結晶成長学会誌 1985; **12**: 57-70.

和田浩爾．二枚貝の殻体の石灰化と過飽和度．海洋生物の石灰化と系統進化（大森昌衛，須賀昭一，後藤仁敏編）東海大学出版会．1988: pp135-146.

和田浩爾．真珠形成とその細胞制御　生物実験からのアプローチ．海洋生物の石灰化と硬組織（和田浩爾，小林巖雄編）東海大学出版会．1996: pp85-102.

Wang Q, Yang C, Hao R, Zheng Z, Jiao Y, Du X, Deng Y, Huang R. Molecular characterization of CHST11 and its potential role in nacre formation in pearl oyster *Pinctada fucata martensii*. *Electron J. Biotechnol*. 2017; **28**: 113-119.

Watabe N. Shell repair. In: Salueddin ASM, Wilbur KM（eds）. The Mollusca, Vol. 4. Academic Press. 1983: pp289-316.

Wilbur KM, Saleuddin ASM. Shell formation. In: Salueddin ASM, Wilbur KM（eds）. *The Mollusca*, Vol. 4. Academic Press. 1983; pp235-287.

Yan F, Luo S, Jiao Y, Deng Y, Du X, Huang R, Wang Q, Chen W. Molecular characterization of the BMP7 gene and its potential role in shell formation in *Pinctada martensii*. *Int. J. Mol. Sci*. 2014; **15**: 21215-21228.

Zhang C, Xie L, Huang J, Chen I, Zhang R. A novel putative tyrosinase involved in periostracum formation from the pearl oyster（*Pinctada fucata*）. *Biochem. Biophys. Res. Commun*. 2006; **342**: 632-639.

Zhang H, Shi Y, He M. Molecular identification of an insulin growth factor binding protein（IGFBP）and its potential role in an insulin-like peptide system of the pearl oyster, *Pinctada fucata*. *Comp. Biochem. Physiol. Part B* 2017; **214**: 27-35.

Zhao R, Takeuchi T, Luo Y-J, Ishikawa A, Kobayashi T, Koyanagi R, Villar-Briones A, Yamada L, Sawada H, Iwanaga S, Nagai K, Satoh N, Endo K. Dual gene repertoires for larval and adult shells reveal molecules essential for molluscan shell formation. *Mol. Biol. Evol*. 2018; **35**:2751-2761.

3章　ゲノムから探るアコヤガイの多様性と進化

竹内　猛[1]・正岡哲治[2]・青木秀夫[3]

日本各地で真珠養殖に用いられているアコヤガイ *Pinctada fucata* は，日本を代表する水産資源生物の1つである．農林水産省の統計報告によると，2018年の日本の農林水産物輸出額のうち，真珠は第2位（346億円）を占めている（農林水産省，2019）．19世紀末に真珠養殖技術が確立し，真珠貝として各地で養殖されているアコヤガイが日本に生息していることは，ごく当たり前のことのようにも思える．しかし実際は，生物地理の観点で見ると，日本に生息しているアコヤガイの分布は近縁な他の二枚貝の分布とはやや異なっている．

アコヤガイを含め真珠を産する海産二枚貝の多くは，分類学上ではアコヤガイ属（genus *Pinctada*）に属する．アコヤガイ属は太平洋，大西洋，インド洋など世界各地の海の熱帯～亜熱帯域に分布している．たとえば，南洋真珠の生産に用いられるシロチョウガイ *P. maxima* は東インド洋から東南アジア，オセアニア周辺に分布し，西太平洋における分布の北限は沖縄県南部の八重山諸島周辺である．*P. imbricata* はメキシコ湾や大西洋西部の低緯度域に分布する．16世紀前半にベネズエラ沿岸周辺で，天然真珠の採取のために乱獲されたのもこの種である（Romero, 2003）．また，*P. radiata* が生息しているペルシャ湾は，1930年代に石油が採掘されるようになる以前は世界的な天然真珠の産地であった（Bowen, 1951）．このように，アコヤガイ属のほとんどは高水温の熱帯～亜熱帯域に生息している．一方，日本のアコヤガイの分布は太平洋側では房総半島，日本海側では能登半島の温帯域にまで及び，太平洋におけるアコヤガイ属の分布の北限となっている．アコヤガイは南西諸島以南の熱帯～亜熱帯域にも分布しているので，本州，四国，九州のアコヤガイの分布が特殊であるといえる（以下，簡略化のため，本州，四国，九州に分布するアコヤガイを「日本産アコヤガイ」と呼ぶことにする）．アコヤガイに近縁な種は南方の海に

1）　沖縄科学技術大学院大学
2）　国立研究開発法人　水産研究・教育機構　増養殖研究所
3）　三重県農林水産部

生息していることから，アコヤガイのもともとの生息地は南方で，何らかのきっかけでアコヤガイが北方にやってきた，と考えられる．それでは，他の地域と比べて低水温海域に生息する日本産アコヤガイの野生集団は，どのように成立したのだろうか．また，日本産アコヤガイは，他の地域のアコヤガイとは遺伝的に異なる集団なのだろうか．

水産生物としてアコヤガイを持続的に利用する上で，「遺伝的に異なる集団」を識別し，アコヤガイの多様性を維持することは極めて重要である．遺伝的に異なる集団が複数存在すれば，環境の変化によって一部の集団が全滅したとしても，残りの集団が生き残り，生物種として存続できる可能性が高くなる．反対に，遺伝的な多様性に乏しく，単一の集団しか存在しない場合，環境の変化によって一度に絶滅してしまうリスクが大きい．また，遺伝的に異なる集団は，それぞれが多様な形質（たとえば貝殻の色，真珠層の厚さ，水温変化に対する耐性など）をもつと考えられる．様々な集団の中から真珠養殖に有用な形質を発見し，育種素材として利用することが期待できる．

性質の異なる集団を把握して育種に役立てる一方で，人為的な集団間の交雑を適切に管理することも重要である．養殖現場で作成された交雑貝が野生に広まれば，野生の貝の遺伝的多様性が失われてしまうおそれがある．1990 年代，赤潮や赤変病の発生により低下した資源量回復のため，日本の真珠養殖現場では中国産アコヤガイと日本産アコヤガイの交雑が行われるようになった（横川，1999；和田，2002；林，2007）．日本の養殖現場に他地域からアコヤガイを導入することは，個体数の回復には有効である一方，日本産アコヤガイの固有性が失われる危険性がある．遺伝資源を適切に管理するためにも，各地に生息するアコヤガイの遺伝的な違いを理解する必要がある．

本章では，国内外の多数の産地から収集されたアコヤガイのゲノム DNA を解析し，アコヤガイの集団構造を明らかにした研究成果について解説する．また，集団解析の結果に基づいて，日本産アコヤガイの起源について考察する．さらに，得られた結果をアコヤガイの保全や持続的な真珠養殖に役立てていくために，将来の展望についても述べる．

3・1　遺伝学における「集団」とは

研究内容について解説する前に，「ゲノム DNA」や「遺伝的に異なる集団」とは何か，簡単に説明する．

あらゆる真核生物の細胞核の中には，DNA（デオキシリボ核酸）という高分子が存在する．DNA は 4 種類の「塩基」と呼ばれる分子，アデニン(A)，シトシン(C)，グアニン(G)，チミン(G)が数珠つなぎに 1 列に連なってできている．生物の細胞には，この 4 つの分子の長い連なり（配列）の情報を読み取る機能が備わっており，生物は DNA 塩基配列の情報を基に生命活動を営んでいる．生物の生命活動に必要なすべての情報を含む DNA の総体のことを特に，ゲノム DNA と呼ぶ．アコヤガイの場合，ゲノム DNA はおよそ 11 億個もの塩基からなる．

有性生殖をおこなう生物では，交配を通じてゲノム DNA が親から子供へと受け継がれていく．子が親に似るのは，両親からゲノム DNA を引き継いでいるからである．親子に限らず，互いに交配できる個体の集まりは，似たような DNA 塩基配列をもった個体で構成される．遺伝学では，自然界においてこのような互いに交配可能な状態にある個体の集まりのことを「集団」と呼ぶ（図 3・1 i）．同じ生物種であれば，理論的には全ての個体どうしが交配可能である．しかし自然界では，様々な要因により個体間の交配が妨げられ，複数の集団が生じる．たとえば，アコヤガイが生息している海域に陸地が出現し，2 つ

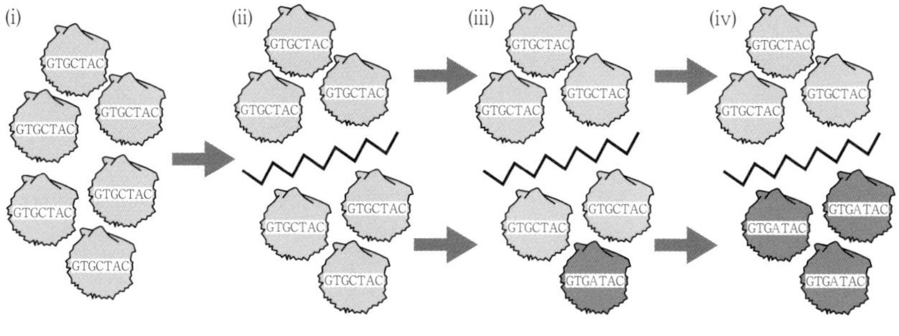

図3・1　遺伝的に異なる集団が生じるプロセス

(i) 1つの集団に属する個体は，互いに交配可能である．世代ごとに交配を通じてゲノムDNAのやりとりがおこなわれるので，DNA塩基配列は互いによく似ている．ここでは，ゲノムDNA塩基配列のごく一部，7塩基（GTGCTAC）が示されている．(ii) アコヤガイの生息する海域に，集団を分断するような障壁（たとえば陸地）が出現したとする．障壁によって隔たれた集団の間では交配がおこなわれない．(iii) 片方の集団の個体に，突然変異によってDNA塩基配列に変化が起きたとする．図では，1個体のDNA塩基配列において中央の塩基が「C」から「A」に変化している．(iv) DNA塩基配列の変化は，何世代もの交配によって次第にその集団に広まっていく可能性がある（広まらずに消失することもある）．一方で，この変異は隔離されたもう片方の集団に広まることはない．このようにして，2つの集団の間にはDNA塩基配列の違いが蓄積されていく．

の海域に分断されるような場合を想定してみる．アコヤガイは浮遊幼生の期間，海流に乗って生まれた場所から離れた場所に移動し，そこで着底して成長する可能性があるので，広い海域で1つの大きな集団を形成していると考えられる．ところが，陸地が障壁となりアコヤガイが2つの海域を行き来できなくなれば，2つの集団が成立することになる（図3・1 ii）．さらに，分断された2つのアコヤガイ集団のうち片方の集団の個体に，突然変異によりゲノムDNAに変化が生じたとする（図3・1 iii）．このゲノムDNAの変化は，交配を通じて片方の集団の中に広まっていく可能性があるが，分断されたもう片方の集団に広まることはない．こうした積み重ねにより，2つの集団は互いに異なるDNA塩基配列をもった，遺伝的に異なる集団となる（図3・1 iv）．遺伝的に異なる集団が成立することを「遺伝的分化」と呼ぶ．また，遺伝的に異なる集団が複数ある場合，「集団構造がある」という．

アコヤガイの集団構造を明らかにするには，DNA塩基配列を解析する必要がある．日本や世界各地のアコヤガイ類のDNA塩基配列を比較し，種間や集団間の違いを明らかにする取り組みは，2000年代以降さかんにおこなわれるようになった．研究の主な目的は2つに大別される．第1は，アコヤガイ属に含まれる二枚貝類の類縁関係を解析し，「アコヤガイ」という生物種を他の二枚貝類から区別することである．一般に，アコヤガイやその近縁種は個体ごとに貝殻の形態が大きく異なるため，外見から種判別することが困難である．筆者の一人は，日本各地のアコヤガイや国外の近縁種のDNA塩基配列を解析し，（i）日本，中国，カンボジア，オーストラリア，ミャンマー産のアコヤガイは互いに近縁であること，（ii）アコヤガイ以外の種では，*P. radiata* や *P. imbricata* がアコヤガイに比較的近縁であること，（iii）シロチョウガイ *P. maxima* やクロチョウガイ *P. margaritifera* はアコヤガイから遺伝的に離れたグループであること，などを明らかにした（正岡・小林，2002，2003，2005，2006b，2007）．さらに，種ごとにDNA塩基配列が異なることを利用したPCR-RFLP法というDNA鑑定手法により，アコヤガイや近縁な二枚貝の種を判別する技術を確立した（Masaoka *et al.*, 2016）．

第2の研究目的は，日本産アコヤガイと，中国など南方に生息するアコヤガイとをDNA解析により判別する手法を確立することであった．上述の研究では，アコヤガイのDNA塩基配列のうち，ミトコンドリアDNAの16S rRNA遺伝子部分領域（約550塩基），18S rRNA遺伝子全領域（約1800塩基）および28S rRNA遺伝子全領域（約3660塩基）を解析することにより，数十箇所の塩基の違いを検出した．こうして得られた塩基の違いを比較することで，アコヤガイ属の種間関係が明らかになった．ところが，数十箇所の塩基の違いを比較しても，日本産アコヤガイと中国産アコヤガイの間の有意な違いを検出することができなかった．その他にも，RAPD法，AFLP法，ISSR-PCR法（正岡・小林，2006a），アロザイム分析（渥美ら，2004）といった分析方法が試みられてきたが，両者を識別する手法を確立するにはいたらなかった．これらの分析手法は，アコヤガイゲノムの特定の領域に注目して，その領域に存在する，日本産と中国産を区別できるような違いを検出する方法である．「アコヤガイ」という同一種である日本貝と中国貝は，DNA塩基配列も互いによく似ている．したがって，一部の領域を比較するだけでは，両者を区別するのに十分な違いを検出できない可能性がある．このような問題を克服するには，網羅的にゲノムDNA全体を比較する研究手法が必要であった．

3・2　ゲノムワイドなデータを利用したアコヤガイの集団遺伝学

「アコヤガイゲノムDNA」にはアコヤガイをアコヤガイたらしめるのに必要な情報が刻まれている．したがって，アコヤガイ2個体のゲノムDNA塩基配列を比べてみても，ほとんどの部分は同じ配列である．アコヤガイ集団間のDNA塩基配列のわずかな違いを検出するには，ゲノムDNA塩基配列からなるべく多くの情報を取得する必要がある．とはいえ，アコヤガイのゲノムDNA塩基配列は約11億塩基と非常に多いため，ゲノムDNA塩基配列を全て解析するには膨大なコストがかかる．そこで筆者らは，RAD-seq法という手法を用い，ゲノム全体から選択的に，多数の領域を解析した．RAD-seq法では，ゲノム上にまばらに存在する制限酵素認識部位という6～8塩基程度の短い配列を目印にして，そのすぐ近くのDNA塩基配列だけを解析する手法である．この方法を使用すれば，11億塩基のアコヤガイゲノムを端から端まで全て解析しなくとも，ゲノム全体から数万～数十万箇所のDNA塩基配列データを取得することができる．

DNA塩基配列の解析には，Illumina社のHiSeq 4000という高速シーケンサを用いた．シーケンサとは，DNAを分析し，A，C，G，Tという塩基配列の情報を出力する解析機器である．高速シーケンサではまず，解析するDNA分子を数百塩基程度に断片化しておいてから，大量の断片を並行して大量に解析する．これにより，一度の解析で数千億塩基もの情報を取得することが可能となる．さらに，各個体から得られた無数の DNA 塩基配列断片を，解読したアコヤガイ参照ゲノム配列（Takeuchi *et al.*, 2016）に照らし合わせることで，すべてのアコヤガイ個体の配列同士を正確に比較できる．大量のデータを必要とする現代の集団遺伝学解析において，上記の RAD-seq 法と高速シーケンサの利用は，極めて有効な研究手法になっている．

集団解析には，2000 ～ 2003 年に日本各地の野生から採集されたアコヤガイや，中国，カンボジア，ミャンマー産のアコヤガイ，そしてペルシャ湾産の *P. radiata* を用いた（図 3・2）．各地点あたり 4 ～ 9 個体，合計 209 個体の DNA 塩基配列を比較し，3 万箇所以上の塩基の違いを得ることに成功した．このような大量のデータを解析することにより，アコヤガイの集団構造を詳細に分析することが可能となった．

なお，解析に用いた試料は，先に述べたアコヤガイ属の類縁関係や種判別の研究で用いたアコヤガイの閉殻筋の一部を，冷凍庫で保管していたものである．研究の通例として，実験・研究に用いた試料は，研究が完了し成果を論文などで発表したあとも，少なくとも一定の期間は保存する．試料の保管は，実験結果の再現性と研究内容の信頼性を保つために重要な作業である．とはいえ，研究室や冷凍庫のスペースには限りがあるうえに，実験をおこなうたびに試料は増える一方なので，何年も使用していない試料は廃棄せざるを得ないという実情もある．本研究の試料は 10 年以上も冷凍庫で保管されていたものであるが，近年の DNA 解析技術の劇的な進歩によって，再び日の目を見ることとなった． 過去の試料が，ゲノム解析用試料として極めて貴重な DNA 塩基配列データをもたらすことになったのである． このことは，試料を保管することの重要性をあらためて示唆しているといえる．

3・3　明らかになったアコヤガイの遺伝的集団構造

ゲノム解析で得られた，200 個体以上のアコヤガイの数万箇所もの塩基の違いという膨大なデータは，そのままでは理解することが困難である．そこで，データの特徴を視覚的に把握しやすくするため，主成分分析をおこなった．主成分分析では，大量のデータからできるだけ情報の損失がないようにしつつ，少数の主成分で表現する．ここで，図 3・3 に示した主成分分析の図の見方を簡単に説明する．図中の一つ一つの点がアコヤガイ 1 個体を示し，互いに近く

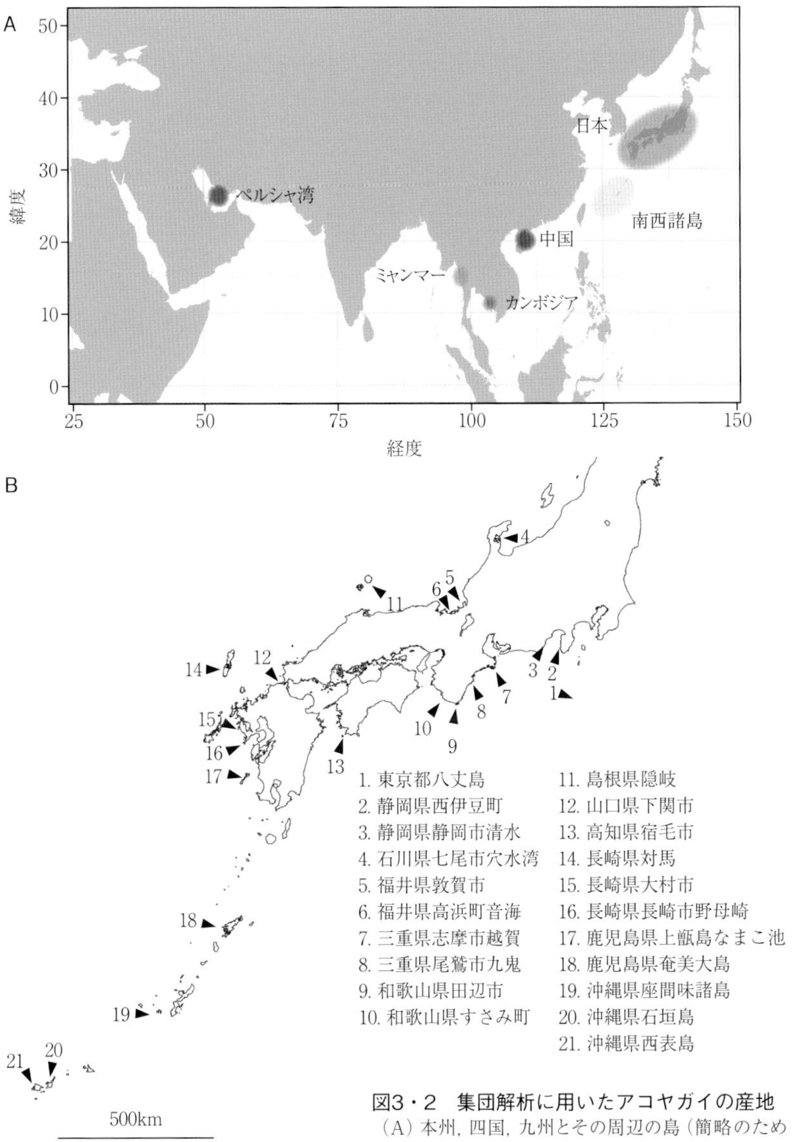

図3・2　集団解析に用いたアコヤガイの産地
（A）本州，四国，九州とその周辺の島（簡略のため「日本」と表示してある），南西諸島，中国，カンボジア，ミャンマーのアコヤガイ*Pinctada fucata*と，ペルシャ湾の近縁種*P. radiata*を解析した．（B）本州～南西諸島のアコヤガイ採集地域の詳細．

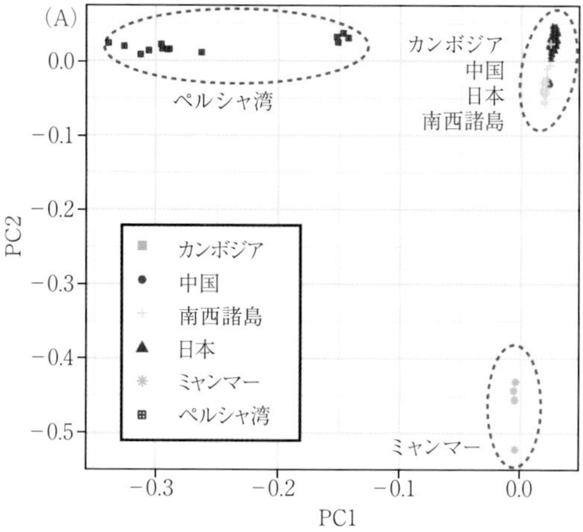

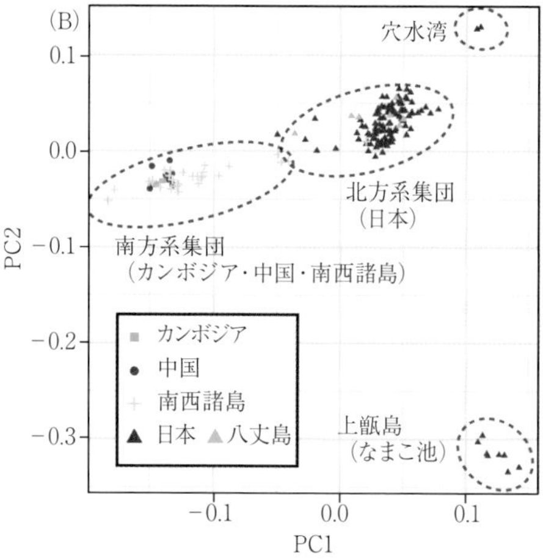

図3・3　主成分分析により明らかになったアコヤガイの集団構造
横軸に第一主成分, 縦軸に第二主成分を示す. 各点は, アコヤガイ1個体を表している. (A) 全サンプルの解析結果. ペルシャ湾産*P. radiata*の個体およびミャンマー産アコヤガイの個体は, 日本の本州〜南西諸島, 中国, カンボジア産のアコヤガイとは明確に区別される. (B) 日本の本州〜南西諸島, 中国, カンボジア産のアコヤガイの解析結果. 中国産アコヤガイを含む南方系集団と, 九州以北の日本産アコヤガイを含む北方系集団が存在することが明らかになった. 石川県穴湾産および鹿児島県上甑島産のアコヤガイは北方系集団と見なされるが, 第二主成分においてその他の日本産アコヤガイから分離しており, 遺伝的な分化がみられる.

に集まっている点は個体間のDNA塩基配列の違いが小さいこと示唆している. 図では横軸に第一主成分 (PC1), 縦軸に第二主成分 (PC2) が示してある. これは, 横方向の離れ具合のほうが, 縦方向の離れ具合よりもDNA塩基配列の違いを強く反映していることになる. グラフ中の点の分布を観察することで, 大量のデータの概要を直感的に理解できるようになる.

以上を踏まえて主成分分析の結果をみると, 点の分布は個体の産地を強く反映していることがわかる. 図3・3Aは, ペルシャ湾産なども含めた, 全ての個体の解析データに基づいている．ペルシャ湾産の貝（*P. radiata*）はその他の地域のアコヤガイ *P. fucata* から横軸方向に大きくかけ離れている．すなわち，種が異なり，地理的にも研究対象地域の中で最も遠いペルシャ湾の貝は，他の貝から遺伝的に最も離れていることが示されている．次に，縦軸（第二主成分）に注目すると，ミャンマー産のアコヤガイがカンボジア，中国，日本，南西諸島のアコヤガイから離れている．ミャンマーとカンボジアは地理的には比較的近いものの，それぞれのアコヤガイ産地であるインド洋のアンダマン海と南シナ海のタイ湾はインドシナ半島，マレー半島によって隔てられている．このような陸地の障壁により，両地域のアコヤガイは互いに行き来することができず，遺伝的に分化したと考えられる．

ペルシャ湾産やミャンマー産の貝に比べ，その他の地域（カンボジア，中国，日本の本州から南西諸島）の貝はひとまとまりのグループを形成しているように見える．これらの地域の個体のデータだけを解析した，より詳細な結果が図3・3Bである．まず第一主成分（横軸）に注目すると，大きく分けて2つのグループが存在する．すなわち，カンボジア，中国，日本の南西諸島で構成されるグループと，日本の本州，九州，四国の各地域で構成されるグループである．地理的な位置関係から，前者を「南方系集団」，後者を「北方系集団」と呼ぶことにする．この図が示すとおり，日本産アコヤガイと中国産アコヤガイは，遺伝的に異なる集団であることがわかった．

次に，図3・3Bの第二主成分（縦軸）に注目すると，北方系集団から離れたところに上甑島なまこ池産のグループと，石川県穴水湾産のグループがある．これらの産地の貝は，北方系集団に属するものの，日本の他の地域からは遺伝的にやや異なる集団であるとみなすことができる．穴水湾や上甑島のアコヤガイが日本の他の地域の貝と遺伝的に異なることも，地理的な要因により説明できる．まず石川県穴水湾であるが，日本海を流れる対馬海流はアコヤガイの浮遊幼生を長距離にわたって運搬すると考えられ，日本海側の各地に生息するアコヤガイは遺伝的分化が起こりにくいと推測できる．しかし，穴水湾は能登半島によって対馬海流の直接的な流入が制限されているため，他の地域から幼生が運ばれてくることがほとんどないのかもしれない．また，鹿児島県上甑島で天然アコヤガイが生息しているなまこ池は，発達した砂州により外海から隔離された潟湖である．砂州を構成する砂礫のわずかな隙間を通って海水が浸透するため，なまこ池の海水組成は隣接する外海とほとんど変わらないが，アコヤガイが砂州を通過するのは不可能である．砂州が形成された年代は5000～6000年前と推定されている（荒巻ら，1976；Woodruff *et al.*，2009）ことから，それ以前から上甑島の内湾に生息していたアコヤガイが，砂州の発達により外海から隔離され，独自の遺伝的集団が確立したと解釈できる（和田，1975，1984）．

なまこ池や穴水湾のアコヤガイを除くと，日本産のアコヤガイは，遺伝的に違いがみられず，単一の集団を形成している（図3・3B）．これについては，真珠養殖に関連した人為的なアコヤガイの移動の影響を考慮する必要がある．主要な産地から日本各地へとアコヤガイが運び出され，交雑が進むことにより，地域間での遺伝的な差が生じなかったのかもしれない．一方で，海流によるアコヤガイ幼生の移動の影響も考えられる．太平洋側では黒潮が，日本海側では対馬海流がアコヤガイ幼生を広範囲に運搬することで，日本全体で1つの大きな集団が維持されている可能性がある．この点について，東京都八丈島のアコヤガイに注目したい．図3・3Bにおいては，八丈島のアコヤガイは日本のその他の地域とは区別できず，北方系集団のグループに含まれる．八丈島ではこれまでアコヤガイの養殖がおこなわれたことがなく，人為的な貝の持ち込みの影響はないと考えられる．つまり，八丈島のアコヤガイが本州などの地域のアコヤガイと遺伝的に差がないのは，人為的な影響ではなく，海流の影響であるといえる．八丈島は本州の養殖場から200～300 km以上離れているが，アコヤガイの幼生は海流に乗って移動することができ，遺伝的な差が生じないと考えられる．このことから，日本各地のアコヤガイは人為的な影響の有無に関わらず，自然の拡散により均質化した大きな集団を作っているのかもしれない．また，上記の穴水湾やなまこ池では，現在まで本格的な真珠養殖がほとんどおこなわれてこなかったことから，人為的なアコヤガイの持ち込みの影響を受けず，なおかつ地理的に隔離された結果，独自の遺伝的集団が維持されてきたと考えられる．

ここまで，アコヤガイの集団の分化には地理的な障壁が大きな役割を果たしていることを述べた．ミャンマー産のアコヤガイは半島により南シナ海や東アジア地域からは隔離しており，鹿児島県上甑島産のアコヤガイは潟湖という特異な環境に生息している．ところが，日本の北方系集団と南西諸島以南の南方系集団との間には，このような明確な地形の障壁が存在しない．それどころか，南西諸島から九州～本州には黒潮が流れており，アコヤガイ幼生が南方から北方へ運ばれる可能性は十分に考えられる．アコヤガイの幼生はどの程度の距離を移動可能なのか大雑把に見積もると，黒潮の速度を 1 m/s（86.4 km/ 日），アコヤガイの浮遊幼生期間を 20 日として計算すると，86.4 × 20 =1728 km にも達する．これは，直線距離にすると沖縄県那覇市から福島県いわき市までの距離に相当する．アコヤガイ幼生が拡散可能な範囲をより正確に見積もるには，海流の経路や幼生の成長速度など様々な要素を考慮する必要があるものの，幼生は南西諸島から本州へ到達することは十分可能であると推測される．現に，本州にアコヤガイが生息しているということは，少なくとも過去には南方から本州にアコヤガイが到達できたという証拠である．それでは，南方系集団と北方系集団との遺伝的交流を妨げているのはどのような要因なのだろうか．

3・4　南方系集団と北方系集団は環境の違いにより隔てられている

筆者らは，南方系集団と北方系集団の遺伝的な分化には，両者の分布域の環境の違いが関係しているのではないか，という仮説を立てた．この仮説を検証するため，遺伝的分化と環境指標との間の相関関係を調べた．アコヤガイ産地間の遺伝的な違いは，DNA 解析のデータを基に F_{ST} という指標で算出した．各産地の環境データは，二酸化炭素の濃度を SOCAT（Surface Ocean CO_2 Atlas, 表層海洋二酸化炭素データベース : https://www.socat.info/）（Bakker *et al.*, 2016）から，海表面水温と溶存酸素，塩分，リン酸塩，硝酸塩の各濃度を NOAA（National Centers for Environmental Information，アメリカ海洋大気庁 : https://www.nodc.noaa.gov/）（Boyer *et al.*, 2013) のデータベースから取得した．日本国内（本州～南西諸島，上甑島を除く）の産地を対象とし，総当りの産地の組み合わせについて，標準化した F_{ST} 値および環境値の差の絶対値を求めた．線形化した F_{ST} 値と環境指標の関係を示したのが図 3・4 である．解析の結果，産地ごとの遺伝的な違いは，海表面温度と最も高い相関を示した（r = 0.603）ほか，酸素や塩分とも有意な相関があることがわかった．海表面温度と溶存酸素濃度との間には負の相関関係がある（水温が高くなると酸素濃度が低くなる）ため，両者の効果を別々に評価することはできないものの，これらの環境要因が南方系と北方系のアコヤガイの遺伝的分化に関わることが示唆された．つまり，海水温や溶存酸素濃度などの違いが，南方のアコヤガイが北方に定着するのを妨げていると推測される．

日本産アコヤガイに比べて，中国産貝のほうが高水温に耐性があるというこ

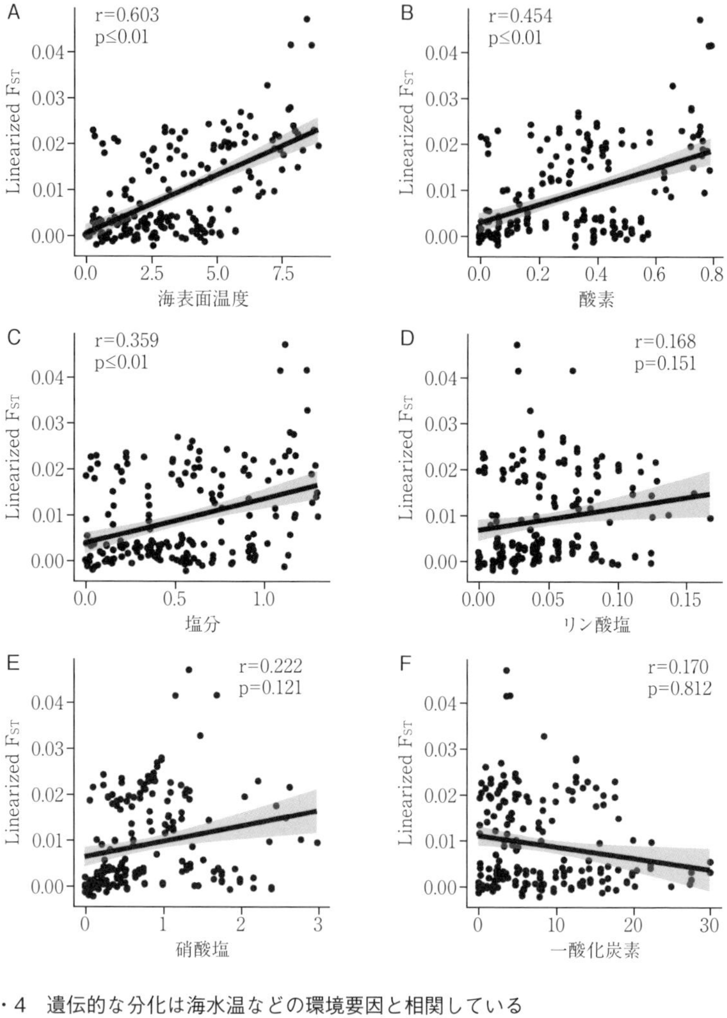

図3・4　遺伝的な分化は海水温などの環境要因と相関している

日本の本州～南西諸島の産地（上甑島を除く）で，２地点間の遺伝的差異の指標値（F_{ST}）と，様々な環境指標値（海表面温度および溶存酸素，塩分，リン酸塩，硝酸塩，二酸化炭素の各濃度）の差を求め，両者の間に相関があるかどうかをマンテル検定によりテストした.二酸化炭素についてはSOCATから取得した2000～2018年の年間平均値を,その他の環境指標についてはNOAAから取得した2005～2012年の年間平均値を使用した．r値が大きいほど，遺伝的分化の程度と環境指標との間に高い相関がある．6つの環境指標のうち,（A）海表面温度がもっとも高い相関係数（r=0.6）を示した.（B）溶存酸素，（C）塩分も有意な相関（p≤0.01）が示唆された．その他の環境指標については，有意な相関があるとはいえなかった.

とは，経験的に知られている．筆者の一人は，日本産貝と中国産貝の水温変化に対する応答の違いを，飼育実験により調査した（増田ら，2002）．この研究では，日本産および中国産アコヤガイを異なる水温下で飼育し，貝の活動をろ水率で評価している．日本産アコヤガイは水温が30°Cを超えるとろ水率が大きく低下するのに対し，中国産アコヤガイは30°Cでろ水率のピークを示した．また，中国産貝は水温の低下に伴ってろ水率が急激に低下するが，日本産貝は19～28°Cの間でろ水率はほとんど変化しなかった．この結果は，日本産貝および中国産貝がそれぞれ生息する環境へ適応していることを示唆している．水温のより高い海域で生息している中国産貝は，高水温でも餌料となるプランクトンを摂取し，代謝に必要な栄養と溶存酸素を得られるのであろう．一方で，日本産貝には低水温でも活動量が低下しない仕組みが備わっているようである．

3・5　日本産アコヤガイの起源

以上の結果と，古気候学の知見，考古学や化石記録の証拠を統合し，日本産アコヤガイの起源について考察を試みたい（図3・5）．

最終氷期（2万年前ごろ）（図3・5 A），日本周辺の海水温は現在よりも5～6°C低く，黒潮は現在より低緯度で東進していたと推測されている（H.Ujiié *et al.*, 1991；Y.Ujiié *et al.*, 2003）．このことから，当時の低水温環境ではアコヤガイは日本列島には生息できなかったと考えられる（正岡・小林，2006b）．現在のアコヤガイ属の主な分布は熱帯～亜熱帯域であることから，アコヤガイも基本的には低緯度地域に生息する種であると考えられる．当時の黒潮の流路も考慮すると，アコヤガイの分布は現在の台湾周辺が北限だったかもしれない．

最終氷期が終わると気温は次第に上昇し，6000年前ごろに上昇のピークを迎える（図3・5 B）．黒潮は本州沿海に到達し，このころの日本周辺の海水温は現在より2～3°C高かったと推定されている（Schöne *et al.*, 2004）．黒潮の発達と海水温の上昇にともない，南方に生息していたアコヤガイは生息域を北方へと拡大し，九州以北にまで到達したと考えられる．この時代の考古学的記録としては，長崎県福江市の堂崎遺跡からアコヤガイの貝殻が報告されている（長崎県福江市教育委員会，1992）．また，関東地方では熱帯性のサンゴ礁や貝化石が産出することからも，現在熱帯～亜熱帯に生息する海洋生物が，本州まで生息域を拡大していたことが裏付けられている（Yabe and Sugiyama, 1932；星野，1967；Matsushima, 1984）．

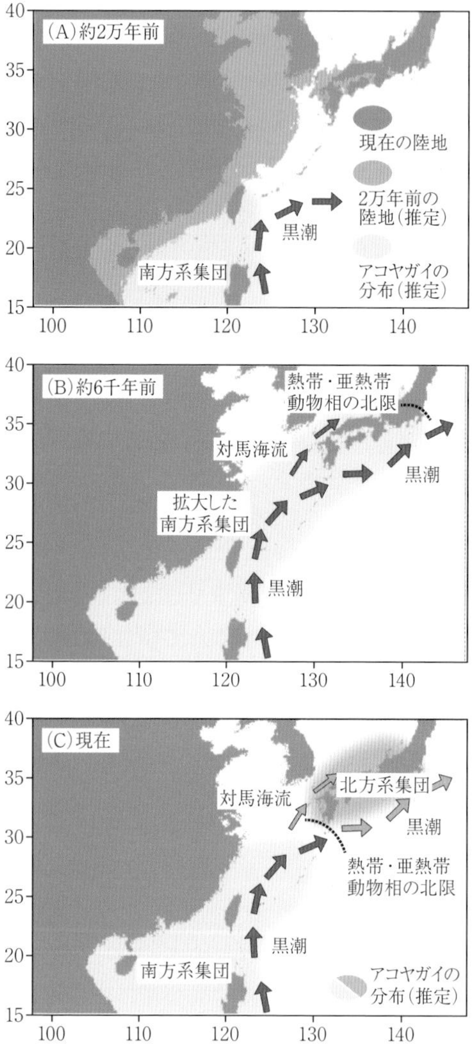

図3・5　日本産アコヤガイ集団の成立の仮説

（A）およそ2万年前の最終氷期には,アコヤガイは日本沿岸部には生息していなかった.当時のおおよその陸地を薄い灰色で示してある（氷床の発達により,海水準は現在より120 mほど低かったと推定されている）.（B）最終氷期後の温暖期,アコヤガイの生息域は北方へと拡大し,九州以北まで到達した.（C）日本周辺の海水温は徐々に低下したが,アコヤガイは九州以北に定着し,（おそらく低水温耐性を獲得して）北方系集団を形成した.北方系集団と,低水温に対する耐性のない南方系集団の間では個体の移動・自然交配がおこなわれず,両者は遺伝的に異なる集団へと分化した.

約6000年前ごろを境に，現在にかけて海水温は徐々に低下した（図3・5 C）.これに伴い，造礁サンゴなど多くの熱帯・亜熱帯生物の分布域は南方へと後退していったが，アコヤガイは本州～九州に定着した．鹿児島県の柊原貝塚（約3500年前）からは，多数のアコヤガイ貝殻が出土する（黒住，2005）．アコヤガイが温帯域に定着できた理由については今後詳細な研究の必要があるが，1つの仮説として，北方のアコヤガイが何らかの遺伝的変異により低海水温に適応した可能性が想定される．一方，水温の違いにより，南方から北方へのアコヤガイの移動は制限されることとなった．すなわち，南シナ海や東シナ海で生まれたアコヤガイ幼生は黒潮によって本州～九州近海まで運ばれる可能性はあるものの，低水温環境である北方で生存することは難しい．このような，海水温の違いによる障壁によって，北方集団と南方集団との間の遺伝的交流は制限され，2つの遺伝的集団が確立していったのではないだろうか．

3・6　持続的な真珠養殖のために

日本産のアコヤガイ集団は最終氷期以降，数千年の間に成立した．これは，生命進化の40億年の長い歴史に比べればごく最近の出来事である．もともと南方の暖かい海に生息していたアコヤガイは，縄文時代の高水温期に，サンゴなどの温暖種とともに黒潮に乗って本州まで到達した．その後，水温の低下に伴って他の多くの温暖種の分布は南方へと退いていったのに対し，アコヤガイは日本に定着した．北方に分布する日本産アコヤガイは，南方系アコヤガイとは遺伝的に異なる集団であり，低水温に適応した集団であると考えられる．

1990年代以降，日本の養殖現場では日本産と中国産のアコヤガイの交雑貝が広く用いられるようになった．アコヤガイの集団遺伝学解析により明らかになったとおり，両者は本来，遺伝的に異なる集団である．交雑貝が養殖場だけでなく野生にも広がるようなことがあれば，日本固有の遺伝的集団が失われてしまう危険性がある．また，このような人為的な交雑の影響が懸念される一方で，環境変動による集団分布の変化にも注視する必要がある．本章で考察したように，アコヤガイの分布は環境変動によってたえず変化していると考えられる．日本近海の海水温は，過去100年間で約1℃上昇しているという観測結果がある（気象庁地球環境・海洋部，2019）．将来の地球温暖化に伴い，アコヤガイの南方系集団の分布は，次第に北方へと拡大していく可能性がある．

本研究により，ゲノム情報を解析することで南方系と北方系の集団を判別可能であることが明らかになった．現在筆者らは，北方系集団と南方系集団を区別するためのDNAマーカーの開発を進めている．DNAマーカーとは，本章で紹介したような大規模なゲノム解析を必要とせず，より安価で簡便に集団を判別するために用いられるDNA塩基配列である．DNAマーカーを利用すれば，アコヤガイの交雑状況や集団の分布を迅速・正確にモニタリングできるようになると期待される．

日本では，真珠の浜揚げは冬場に行われる．冬の低水温環境でゆるやかに進行する真珠層形成は「化粧巻き」と呼ばれ，これにより真珠はもっとも美しく仕上げられる．日本のアコヤガイ真珠特有の「化粧巻き」は，低水温に適応したアコヤガイの進化の賜物といえるかもしれない．日本産真珠の高い品質を維持しつつ，持続可能な真珠養殖を実現するには，アコヤガイの遺伝的多様性を適切に管理し，それぞれの遺伝資源の特性を有効利用していくことが重要である．

謝　辞

沖縄科学技術大学院大学 DNA シーケンシングセクションの藤江学博士，小柳亮博士には DNA シーケンシングの技術支援をしていただいた．また，沖縄科学技術大学院大学の佐藤矩行教授，およびマリンゲノミックスユニットのメンバーには，本研究を実施するにあたり貴重なご助言をいただいた．ここに深く感謝申し上げる．本研究の一部は，農研機構生研支援センター「革新的技術開発・緊急展開事業（うち先導プロジェクト）」の支援を受けておこなった．

文　献

荒巻　孚, 山口雅功, 田中好國. 鹿児島県, 上甑島における甑四湖の水文地形学的研究. 専修自然科学紀要 1976; **9**: 1–80.

渥美貴史, 古丸　明, 岡本ちひろ. 日本産アコヤガイ *Pinctada fucata martensii* と外国産アコヤガイの遺伝的特性. 水産育種 2004; **33**: 135-142.

Bakker DCE, Pfeil B, Landa CS, Metzl N, O'Brien KM, Olsen A, Smith K, Cosca C, Harasawa S, Jones SD, Nakaoka S-i, Nojiri Y, Schuster U, Steinhoff T, Sweeney C, Takahashi T, Tilbrook B, Wada C, Wanninkhof R, Alin SR, Balestrini CF, Barbero L, Bates NR, Bianchi AA, Bonou F, Boutin J, Bozec Y, Burger EF, Cai W-J, Castle RD, Chen L, Chierici M, Currie K, Evans W, Featherstone C, Feely RA, Fransson A, Goyet C, Greenwood N, Gregor L, Hankin S, Hardman-Mountford NJ, Harlay J, Hauck J, Hoppema M, Humphreys MP, Hunt CW, Huss B, Ibánhez JSP, Johannessen T, Keeling R, Kitidis V, Körtzinger A, Kozyr A, Krasakopoulou E, Kuwata A, Landschützer P, Lauvset SK, Lefèvre N, Monaco CL, Manke A, Mathis JT, Merlivat L, Millero FJ, Monteiro PMS, Munro DR, Murata A, Newberger T, Omar AM, Ono T, Paterson K, Pearce D, Pierrot D, Robbins LL, Saito S, Salisbury J, Schlitzer R, Schneider B, Schweitzer R, Sieger R, Skjelvan I, Sullivan K F, Sutherland SC, Sutton AJ, Tadokoro K, Telszewski M, Tuma M, Heuven SMAC van, Vandemark D, Ward B, Watson AJXuS. A multi-decade record of high-quality FCO2 data in version 3 of the Surface Ocean CO_2 Atlas（SOCAT）. Earth Syst. Sci.Data 2016; **8**: 383-413.

Bowen RL. The pearl fisheries of the Persian Gulf. *Middle East J*. 1951; **5**: 161-180.

Boyer TP, Antonov JI, Baranova OK, Coleman C, Garcia HE, Grodsky A, Johnson DR, Locarnini RA, Mishonov AV, O'Brien TD, Paver C, Reagan JR, Seidov D, Smolyar IV, Zweng MM. World Ocean Database 2013; 208pp. Silver Spring, MD: NOAA Printing Office.

気象庁地球環境・海洋部．海面水温の長期変化傾向（日本近海）2019; https://www.data.jma.go.jp/kaiyou/data/shindan/a_1/japan_warm/japan_warm.html

黒住耐二．貝類遺体からみた柊原貝塚の特徴．垂水市埋蔵文化財発掘調査報告書 2005; 柊原貝塚（Vol.8, p.254）．

増田　健，青木秀夫，西　麻希．持続的養殖推進対策フォローアップ事業－V 中国系貝関連試験（ろ水率に関する試験）．2002; http://www.pref.mie.lg.jp/common/content/000394155.pdf

林　政博．日本アコヤガイと交雑アコヤガイの真珠品質の比較．全真連技術研究会報 2007; **21**: 7-16.

星野通平．沼サンゴ礁の絶対年代－日本の第四紀の 14C 年代（36）－．地球科学 1967; **21**: 38-39.

正岡哲治，小林敬典．18SrRNA 及び 28SrRNA 領域を用いたアコヤガイ属における系統関係．DNA 多型 2002; **10**: 100-104.

正岡哲治，小林敬典．28SrRNA 全領域及び ITS 領域を用いたアコヤガイ属の類縁関係．DNA 多型 2003; **11**: 76-81.

正岡哲治，小林敬典．rRNA 遺伝子を用いた真珠生産に利用されるアコヤガイ類の類縁関係とアコヤガイ属の適応放散過程の推定．DNA 多型 2005; **13**: 151–162.

正岡哲治，小林敬典．アコヤガイとベニコチョウガイの判別手法の開発．DNA 多型 2006a; **14**: 193-200.

正岡哲治，小林敬典．アコヤガイ属貝類の系統と種判別に関する研究－分子生物学的手法の導入と応用－．水産育種 2006b; **36**: 1-14.

正岡哲治，小林敬典．アコヤガイ属の系統および適応放散過程の推定 真珠貝はどこから来てどこへ行くのか．「泳ぐ DNA」猿渡 敏郎（編）東海大学出版会．2007: pp1-29.

Masaoka T, Okamoto H, Araki K, Nagoya H, Fujiwara A, Kobayashi T. Distinction between *Pinctada* species based on nuclear and mitochondrial ribosomal RNA gene regions. *DNA Testing* 2016; **8**: 9-21.

Matsushima Y. Shallow-water molluscan assemblage of post-glacial in Japan-time and spatial changes associated with environmental changes. *Bull. Kanagawa Prefect.Mus.(Nat. Sci.)* 1984; **57**: 37-109.

長崎県福江市教育委員会（編）．福江・堂崎遺跡．福江市文化財調査報告書 1992; Vol.5.

農林水産省．2018 年の農林水産物・食品 輸出額（速報値）2019; http://www.maff.go.jp/j/press/shokusan/kaigai/190208.html

Romero A. Death and taxes: the case of the depletion of pearl oyster beds in sixteenth-century Venezuela. *Conserv. Biol.* 2003; **17**: 1013-1023.

Schöne BR, Oschmann W, Tanabe K, Dettman D, Fiebig J, Houk SD, Kanie Y. Holocene seasonal environmental trends at Tokyo Bay, Japan, reconstructed from bivalve mollusk shells-implications for changes in the East Asian monsoon and latitudinal shifts of the Polar Front. *Quat. Sci. Rev.* 2004; **23**: 1137-1150.

Takeuchi T, Koyanagi R, Gyoja F, Kanda M, Hisata K, Fujie M, Goto H, Yamasaki S, Nagai K, Morino Y, Miyamoto H, Endo K, Endo H, Nagasawa H, Kinoshita S, Asakawa S, Watabe S, Satoh N, Kawashima T. Bivalve-specific gene expansion in the pearl oyster genome: implications of adaptation to a sessile lifestyle. *Zool. Lett.* 2016; **2**: 3.

Ujiié H, Tanaka Y, Ono T. Late Quarternary paleoceanographic record from the middle Ryukyu Trench slope,northwest Pacific. *Mar. Micropaleontol.* 1991; **18**: 115-128.

Ujiié Y, Ujiié H, Taira A, Nakamura T, Oguri K. Spatial and temporal variability of surface water in the Kuroshio source region, Pacific Ocean, over the past 21,000 years: evidence from planktonic foraminifera. *Mar. Micropaleontol.* 2003; **49**: 335-364.

Woodruff JD, Donnelly JP, Okusu A. Exploring typhoon variability over the mid-to-late Holocene: evidence of extreme coastal flooding from Kamikoshiki, Japan. *Quat. Sci. Rev.* 2009; **28**: 1774-1785.

和田克彦．鹿児島県上甑島海鼠池産アコヤガイについて．国立真珠研究所報告 1975; **19**: 2169-2185.

和田克彦．アコヤガイ *Pinctada fucata* の改良に関する研究．養殖研究所研究報告 1984; **6**: 79-157.

和田浩爾．日本種アコヤガイと中国種アコヤガイ×日本種アコヤガイの第 1 代交雑貝の生態生理に関する比較．全真連技術研究会報 2002; **16**: 1-18.

Yabe H, Sugiyama T. A study of recent and semifossil corals of Japan. *Sci. Rep. Tōhoku Univ., Ser*. 2. 1932; **14**: 119-133.

横川浩治．日本における外国産魚介類の移入とそれらの生物学的特徴．水産育種 1999; **28**: 1-25.

4章　アコヤガイ母貝の系統保存

岩井俊治[1)]・三浦　猛[1)]

真珠養殖は，アコヤガイの生物学的特性を高度に利用し，宝石である真珠を生産する日本で開発されたバイオテクノロジーによる産業である．

養殖真珠は，稚貝を生産する種苗生産，その稚貝を海で養殖し，挿核手術をおこなうアコヤガイ母貝を生産する母貝養殖，およびその母貝を用いて挿核手術をおこない，その後挿核貝を育成し，最終産物の真珠を生産する真珠養殖の3つの過程を経て生産される．これらの過程は，科学技術が貢献できる要素が多く，さらなる生産効率の向上が見込まれる．

ここでは，筆者らの研究グループがこれまで愛媛県宇和海域の真珠養殖現場で取り組んできた研究を紹介したい．

4・1　愛媛県での真珠養殖とその問題点

愛媛県は真珠生産が盛んな県である．真珠養殖もさることながら，特に母貝養殖が盛んで，統計情報が残る1971年から現在まで，日本で使用される80～90％の母貝が愛媛県で生産されており（図4・1），母貝供給の一大生産拠点となっている．しかし，アコヤガイ母貝の生産は，1994年に顕在化した赤変病による大量へい死以降，生産量はピーク時の10分の1にまで落ち込み，養殖経営体数も激減した．赤変病を克服するために，病気に強いとされる外国産貝の導入や，病気に耐性をもつアコヤガイの選抜育種などの努力がなされ，同病は沈静化し，その後2018年までは安定した生産が続いていた．しかし，外国産貝の導入後に生産された真珠は，赤変病以前のアコヤガイで生産された真珠に比べ品質が劣ると評価されているため，真珠品質の向上を目指しての研究開発が盛んに行われている（真珠年鑑，2004, 2008）．

真珠養殖の問題点は，上述の，赤変病以降の真珠の品質低下以外にも多く存在する．そのうち，私たちが着目しているのは，「真珠母貝と細胞貝の相性」，

1)　愛媛大学大学院農学研究科　真珠養殖科学寄附講座

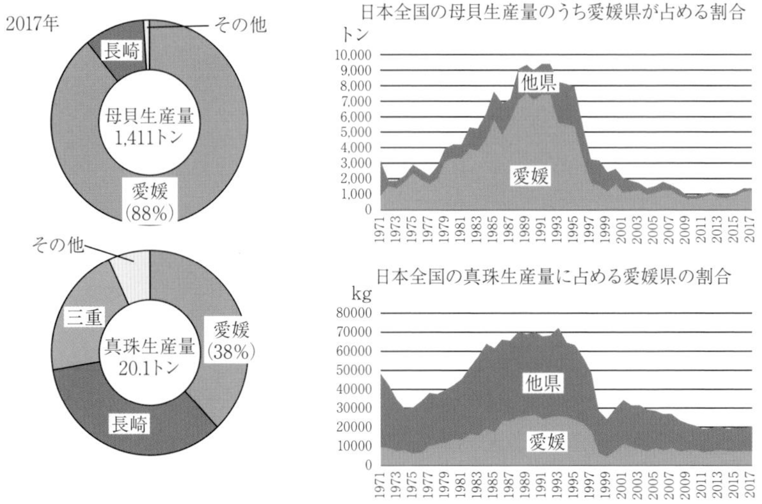

図4・1　愛媛県の真珠および母貝生産量

全国統計（漁業·養殖業生産統計年報）および愛媛県統計（愛媛農林水産統計年報）より作成．

「環境要因がアコヤガイの成長と真珠の質に及ぼす影響」，「種苗系統の管理」および「種苗生産用親貝の安定的確保」の 4 点である．

1）真珠母貝と細胞貝の相性

真珠養殖での挿核手術では，ドブガイなどの貝殻から作られた真珠核とアコヤガイの真珠形成細胞が含まれる外套膜上皮片を母貝の生殖腺に挿入する．この外套膜上皮片のことを真珠養殖業界では「細胞」または「ピース」と呼び，細胞を提供するアコヤガイを細胞貝（ピース貝）と呼ぶ．近年，この細胞貝は，挿核される側の母貝とは別系統のアコヤガイを使うことがほとんどで，母貝の系統と細胞貝の系統の組み合わせが，真珠の品質や生産効率に影響するといわれている．この母貝と細胞貝の組み合わせの良し悪しがいわゆる相性であり，相性のよい母貝と細胞貝の組み合わせを見つけることは，真珠養殖の生産性の向上にとって非常に重要である．

2）環境要因がアコヤガイの成長と真珠の質に及ぼす影響

愛媛県での真珠および母貝養殖のほとんどは，宇和海で行われている．同じ宇和海といっても，湾によって水温，海流，餌の量などの海洋環境は大きく異なる．さらに同じ湾内であっても，その地点によって海洋環境は異なることが多々ある．海洋環境は，真珠の質に大きな影響を与えるため，同じ系統の母貝および細胞貝を使用して真珠を生産しても，その品質は養殖された海域によって大きく異なる．また，同じ母貝と細胞貝の組み合わせで，同じ海域で養殖したとしても，生産年によって真珠の質が異なることは多々ある．各海域の特徴やその海域に合った真珠養殖方法を選択することが，効率的で高品質の真珠を生産するための必要な情報となる．

3）種苗系統の管理

真珠養殖で使用される母貝および細胞貝には，様々な系統が存在する．種苗生産では，人工採苗の際に担当者の勘や経験によって親貝候補を選別している．同一の種苗生産業者が作成した母貝および細胞貝の品質が，生産年や生産時期によって異なることが多々認められるが，これは，このような親貝の選別方法に起因するものであろう．優良な性質の母貝を安定して生産するためには，科学的な情報に基づく親貝選びが重要となる．アコヤガイは全ゲノム情報が既に解析済みであることから，今後の種苗生産では，ゲノム情報を活用した親貝選抜が必須となるものと思われる．種苗生産にゲノム情報を活用するためには，遺伝的情報である全ゲノム情報と，アコヤガイの真珠母貝としての具体的な優良形質を紐づけする作業が必要である．真珠養殖に適したアコヤガイの優良形質は種類が多いため，1種類の遺伝子に注目するだけでは，養殖に適した優良なアコヤガイを得ることはできず，そのためゲノムワイドな解析が必要となる．さらに，「優良」という曖昧な評価基準ではなく，もっと具体的で数値化可能な指標の設定も今後重要になってくる．例えば，真珠の評価を決める大きな要素である「巻き（真珠層の厚さ）」は，他の評価基準である「テリ」，「色」などとは異なり，測定が容易で客観的な指標となり得る．このような単純ではあるが明確な基準とゲノム情報の紐付けにより，安定した優良母貝の生産が実現できるであろう．

4）種苗生産用親貝の安定的確保

現在では，ほとんど全ての養殖に使われるアコヤガイが，母貝，細胞貝ともに人工採苗によって作製されている．しかし1990年代前半までは，天然採苗が主な母貝・細胞貝の入手手段であった．アコヤガイ人工採苗の大量生産技術自体は戦後すぐから研究開発が始まり，親となるアコヤガイの水槽内での飼育法，適切な餌となる植物プランクトンの培養法などの改良により，徐々にではあるが安定的に生産ができるようになり，選抜育種への応用が可能となった（小林・結城，1952）．愛媛県においては，母貝の生産量がピークを迎えた1990年代前半に，天然採苗だけでは稚貝の供給が間に合わなくなり，さらに安定性も年により異なることから，生産者からの声を基に地元漁協などに人工採苗場が作られた．その後，赤変病による大量へい死以降は，天然採苗に替わって人工採苗による選抜育種によって病気や高水温に強いアコヤガイが作られるようになった．しかし，人工採苗で生産され始めて20年以上経過した現在では，種苗の遺伝的多様性を維持する観点から天然採苗による天然貝が種苗生産用の親貝として求められるようになり，宇和海では天然採苗が再びおこなわれるようになった．人工採苗用親貝候補を天然採苗で得るためには，天然貝が多く生息し，養殖があまりおこなわれていない海域で採苗を行う必要がある．このような条件に合う海域は，真珠養殖が盛んな宇和海では数少なく，現在では，宇和海の南端の海域でのみおこなわれている．

安定的な天然採苗をおこなうためには，人工採苗とは異なる天然採苗特有の問題がある．採苗をおこなう海域でのアコヤガイ幼生の発生量は，海況次第で異なる．さらに現在おこなわれている採苗方法では，採苗器を投入するタイミングや場所などは，全て生産者の経験や勘に頼っているため，採苗できるアコヤガイの数量は年ごとに異なり，安定していない．安定した種苗生産をおこなうためには，確実な天然採苗技術の確立が不可欠となっている．

本章では，上述した真珠養殖における4つの問題点の解決のために，筆者らのグループがおこなった研究を紹介していく．しかし，本研究は取り組みの最中であり，最終的な解決策を提案するためには，さらなる研究が必要となる．ここで示す成果は，研究の途上であることを留意して欲しい．なお，図，グラフなどで出典を明記していないものは未発表（岩井・三浦，未発表）である．

4・2　真珠母貝と細胞貝の相性

アコヤガイの系統の違いが真珠の質に与える影響，すなわち母貝と細胞貝に相性が存在するか否かを調べた．試験に用いたのは，同じ年に孵化した日本産アコヤガイを親貝とした母貝（以後国産貝），日本産アコヤガイと耐病性に優れる外国産アコヤガイの交雑貝（以後交雑貝），および細胞貝専用として市販されているアコヤガイ（以後細胞貝）の3種類である．これらの貝のうち，国産貝と交雑貝を母貝，国産貝，交雑貝および市販の細胞貝を細胞貝として挿核手術を施し，母貝と細胞貝の組み合わせの違いが生産された真珠の製品率，色，巻厚およびフーリエ変換型赤外分光光度計（FT-IR）による光学的特性に与える影響を解析した．

真珠挿核試験と挿核貝の育成は，挿核技術者の技術，漁場環境および育成中の世話などにも大きく影響されることから，愛媛県愛南町内の異なる3業者に依頼した．各試験区約200貝ずつ同一サイズの真珠核を用いて挿核手術をおこなった．仕立てや挿核方法，挿核のタイミングなどは試験を担当した生産者に一任した．挿核は7月頃に行い，真珠は翌年の1月に採集した．採集した真珠は，常法に則り洗浄，選別し，製品珠とそれ以外に分別して，製品率，巻厚測定をおこなった後，FT-IRによる真珠表面の光学的特性を解析した．

一般的には，真珠の色調は，細胞専用の市販のアコヤガイを細胞貝として用いることで揃って白色系となり，いわゆる母貝を細胞貝として用いると，黄色系になると考えられてきた．しかし，細胞貝が現在のように広く普及される前は，母貝と細胞貝の系統の区別はなく，また細胞貝が普及されている現在であっても一部の生産者では，「同細（同衾，友細などとも呼ばれる）」と称して母貝用のアコヤガイを細胞貝として用いている．今回おこなった試験で得られた真珠を目視で観察すると，母貝系統を細胞貝として用いた真珠は，細胞貝系統を細胞貝として用いた真珠に比べ，明らかに黄色味が強く，特に母貝として交雑貝，細胞として国産貝を用いた組み合わせでその黄色味は最も強くなった（図4・2）．同細での挿核手術は，感覚的には所謂「相性」がよく，真珠の製品率が高くなると想像されるため，季節的に製品率が低くなる時期や母貝の状態が悪い時などに限定的に利用されていた．しかし今回の試験で，細胞貝と母貝の各組み合わせでの製品率を比較すると，同細だから製品率が高いということはなく，さらにその傾向も業者ごとに異なっていた．この結果から，アコヤ

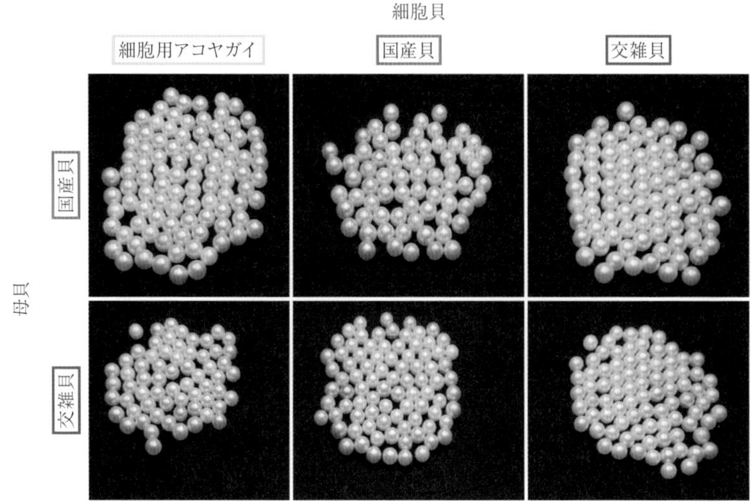

図4・2　真珠母貝と細胞貝の相性-1：試験で生産された真珠
2種類の母貝用アコヤガイと一般に市販している細胞貝用アコヤガイを細胞貝として使用し，2種類の母貝に挿核手術を施して真珠を作製した．母貝系統を細胞貝として使用すると，真珠は黄色味が強くなった．

ガイの系統の違いが真珠の製品率に与える影響は少ないものと考えられる．一方，生産された真珠サイズに関しては，母貝と細胞貝の組み合わせによって，大きな違いが観察された（図4・3）．いずれの生産者がおこなった試験に関しても，細胞貝として市販の細胞貝を用いた場合より，母貝系統を用いた方が真珠サイズが大きくなること，細胞貝として使用した国産母貝と交雑母貝の間では真珠サイズに違いがないことから，これらの真珠サイズの違いは，母貝と細胞貝の相性の問題というよりも，細胞貝として母貝系統を使用した場合の方が，市販細胞貝を使用するより真珠層が厚く巻くことを示している．

フーリエ変換赤外分光法（FT-IR）は，対象物に赤外線を照射し，その赤外吸収スペクトルを利用して対象物に含まれる化合物を定性・定量する方法であり，目視だけではわからない真珠の光学的特性を調べることができる．そこで，この方法を用いて，生産された真珠の光学的特性を解析した．真珠のFT-IRが示す光学的特性は，真珠を生産する母貝の性別などによって大きく異なっていることを，筆者らは明らかにしている（Iwai *et al*., 2015；Iwai *et al*., 2018）．

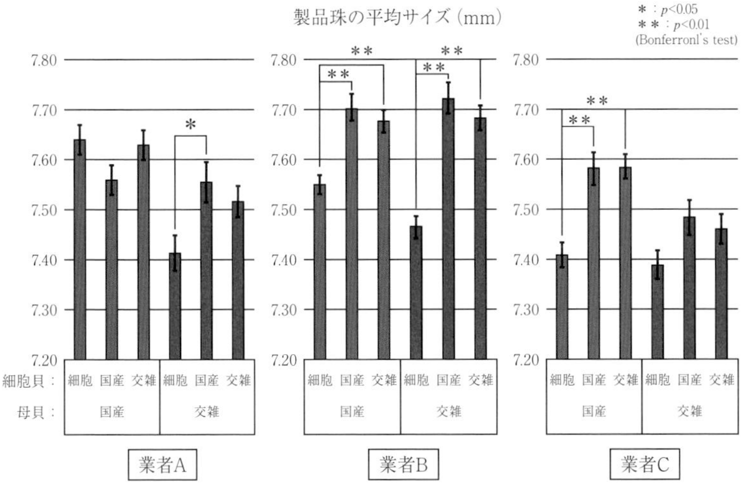

図4・3　真珠母貝と細胞貝の相性-2：真珠の平均サイズ
試験を実施した3業者ごとに，母貝と細胞貝のそれぞれの組み合わせによって真珠の平均サイズを算出した．真珠の巻厚は母貝の系統の差よりも，細胞として用いたアコヤガイ系統によって大きく差が現れた．

FT-IRにより得られた赤外吸収スペクトルを用いたクラスタリング解析の結果，真珠の光学的特性は，細胞として用いたアコヤガイ系統よりも，母貝として用いたアコヤガイ系統の方が影響が強いことが明らかになった．

今回の試験によって，明確な「相性」が存在することは証明できなかったが，用いた細胞貝の系統によって，真珠の巻厚にも大きな影響を与えることが明らかになった．さらに，母貝の系統も真珠の巻厚だけでなく，真珠の光学的特性に対しても影響を強く与えることも明らかになった．これらの結果は，「細胞貝が真珠の色を，母貝が真珠の巻厚を決める」という一般的に信じられている言い伝えに反しており，「母貝と細胞貝双方が真珠の巻厚と色味に影響を与える」ことを示している．このことは，今後種苗生産により優良な母貝および細胞貝を生産するための重要な知見となる．

4・3　環境要因がアコヤガイの成長と真珠の質に及ぼす影響

愛媛県の真珠母貝養殖および真珠養殖は，ほとんど全てが宇和海という限られた海域でおこなわれている．しかし，同じ宇和海でも北部と南部では海洋環境が大きく異なる．さらに同じ湾内でも，場所による環境の違いは大きい．この環境の違いが，アコヤガイの成長や真珠の形成に大きく影響していることは間違いない．そこで，同じ湾内で，海洋環境が異なる2つの海域で稚貝を飼育し，環境要因がアコヤガイの成長に与える影響を調べた．実験に使用した海域は，同じ湾内にある沖合の漁場Aと内湾の漁場Bである（図4・4，4・5）．各漁場の環境の特徴は，漁場Aは潮流が早く餌生物量が比較的少なく，漁場Bは潮流は緩やかで餌生物量は漁場Aに比べると多い．どちらの漁場も水温や溶存酸素量は1年を通してあまり差がない．

飼育したアコヤガイの成長を追跡した結果，孵化後1年以内の若い稚貝では，漁場Aの貝の方が漁場Bの貝より成長が早かった，しかしその後成長速度は逆転し，孵化後1年を超えると漁場Bの稚貝の方が漁場Aの稚貝よりも大きくなった．上述のように，2つの漁場の環境要因の大きな違いは，潮流のスピードと餌料生物の量である．そこで，これら2つの要因がアコヤガイの成長

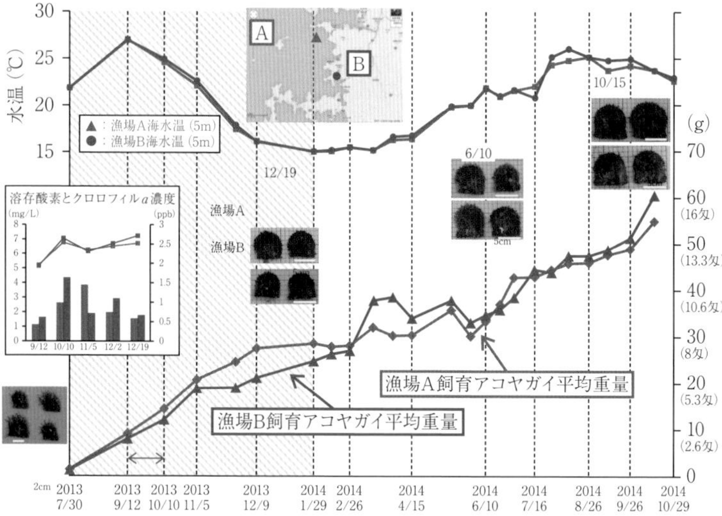

図4・4　環境要因がアコヤガイの成長と真珠の質に及ぼす影響-1：アコヤガイの成長と環境要因（水温，溶存酸素，クロロフィル *a* 濃度）

漁場AおよびBでアコヤガイを飼育し，飼育環境と貝の成長を調査した．各サンプリング時に総合水質計による海洋観測，およびアコヤガイ10個程度の重量の測定をおこなった．2013年9月の詳細な流速のデータ（図中の両矢印で示した期間）は図4・5に示す．

に与える影響を，孵化後1年以内と2年の異なる成長段階のアコヤガイを用いて実験的に調べた．

アコヤガイの成長は，私たち人間と同様，ホルモンをはじめとする生体分子によってコントロールされている．アコヤガイをはじめとする二枚貝では，成長の制御機構の詳細は明らかではないが，その制御に関わる因子としてインスリン関連ペプチドが知られている（Hamano *et al.*, 2005）．インスリン関連ペプチドのmRNAの発現量は，二枚貝の成長速度に比例して増加するものと考えられる．実際にマガキでは，成長の指標としてインスリン関連ペプチドmRNAの発現量を利用している．そこで，本実験でもアコヤガイの成長の指標として同ペプチドのmRNA量を使用することとした．

孵化後1年以内の貝（0^+貝）と孵化後2年の貝（1^+貝）を，水流をコントロールできる実験水槽に設置して24時間飼育し，貝柱で発現するインスリン関連ペプチドの発現量をリアルタイムPCRにより定量解析した（図4・6 A,

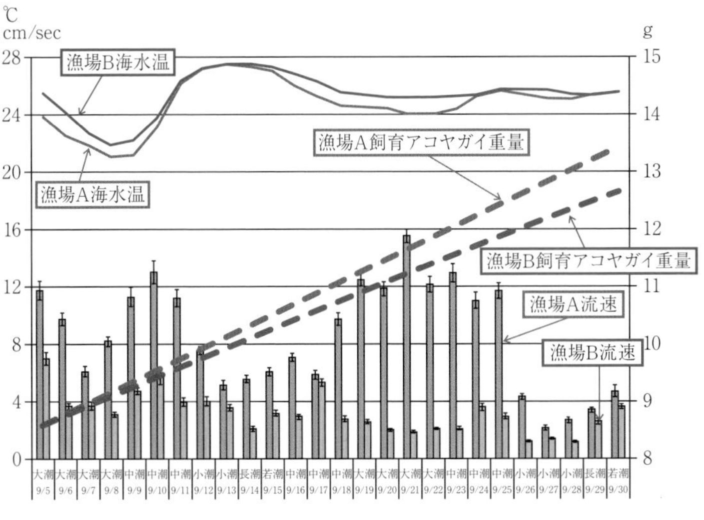

図4・5　環境要因がアコヤガイの成長と真珠の質に及ぼす影響-2：アコヤガイの成長と環境要因（潮流の速度）

アコヤガイ飼育漁場に，10分ごとに流速および水温を測定できるデータロガー（JFEアドバンテック製）を設置し，この期間中の流速，水温を測定した．アコヤガイは，漁場Aの方がBよりも成長した．漁場Aは漁場Bに比べて水温は低いものの，常に流速が早く，一年を通してこの傾向は同じであった．

B）．その結果，0^+ 貝では，飼育海水の流速が増加するのに従い，インスリン関連ペプチドの発現量が増加したが，1^+ 貝では流速の増加により，同ペプチドの発現量が低下する傾向が認められた．次に，流速一定で，餌料であるプランクトンの濃度を変化させた水槽で同様の実験を行なった．その結果 0^+ 貝では，インスリン関連ペプチドの発現量は，餌量の増加にほとんど反応しなかったのに対し，1^+ 貝では餌量の増加に従い著しく増加した（図 4・6 C，D）．これらの結果は，アコヤガイの成長は，若齢の貝では潮流の早さに影響され，年齢が進むと餌の量の影響を受けることを示している．自然界でのアコヤガイの生態は，若齢の時は海面近くの岩礁地帯に生息し，その後年齢を重ねると海底

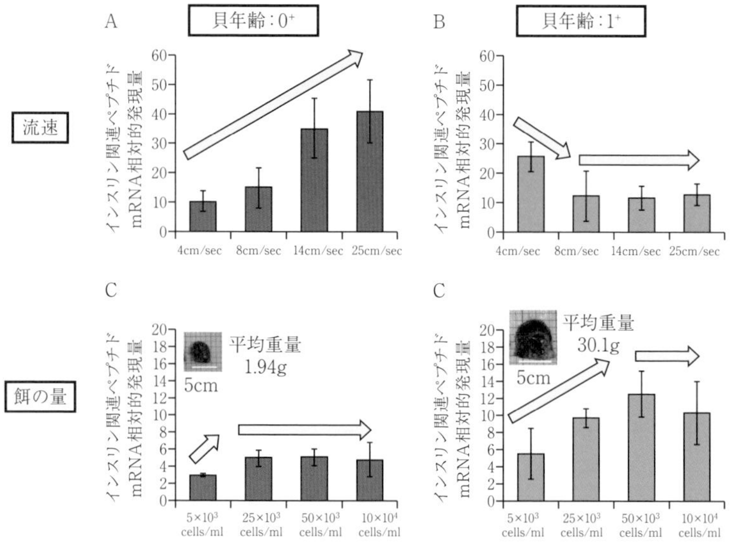

図4・6　環境要因がアコヤガイの成長と真珠の質に及ぼす影響-3：水槽実験によるアコヤガイ成長に対する環境要因の影響解析

0^+および1^+の年齢のアコヤガイをそれぞれ水槽で飼育し，流速および餌の量（プランクトン濃度）を変化させた環境下で24時間飼育し，これらの要因が成長に与える影響を調べた．成長の指標には，インスリン関連ペプチド（IRP）のmRNAの発現量を用いた．A：貝年齢0^+の貝を用いて，餌量一定の条件のもと，流速を変化させるとIRP mRNAの量は流速の増加に伴い増加した．B：貝年齢2^+のアコヤガイを用いてCと同様の試験を行うと，0^+の場合とは逆に流速の増加に伴いIRP　mRNAの量は減少した．C：貝年0^+のアコヤガイを用いて餌の量を変化させると，25×10^3 cell/mlでIRP mRNAの量の増加は頭打ちとなった．D：同様に貝年齢1^+の貝を用いた場合では，餌量の増加に伴いIRPmRNAの発現量は増加した．

に移動することが知られている．今回示した飼育試験の結果は，このアコヤガイの生態を反映しているものと考えられる．養殖漁場および実験水槽での両飼育試験の結果は，アコヤガイは年齢（成長段階）によって，最適な流速や餌量があることを示している．

母貝生産者は経験的に，若齢の稚貝は沖の漁場で育成し，成長段階が進むと内湾の漁場で飼育するのが母貝養殖に適していることを認識していたが，このように母貝の生理状態に合わせた漁場の選択が，早期成長を実現させる母貝養殖には適していることが，今回科学的に裏付けられた．

今回の実験結果を実際の母貝養殖に適用する場合，貝の成長段階に合わせた漁場の移動による母貝の促成栽培法が考えられる．すなわち，稚貝沖出し後半年程度は，潮流の早い沖の漁場で養殖し，その後は餌の豊富な内湾の漁場へ移動する養殖方法である．これを実践するためには，複数の生産者による協業化などの取り組みが必要となるであろう．

海洋環境は，母貝の個体としての成長のみでなく，生産物である真珠の成長

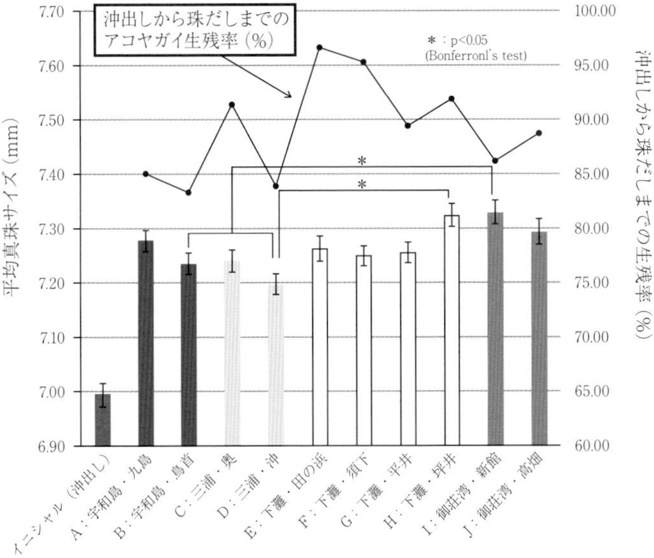

図4・7　環境要因がアコヤガイの成長と真珠の質に及ぼす影響-4：異なる漁場が真珠の品質に及ぼす影響（生残率と真珠サイズ）

各漁場から生産された真珠の珠サイズ（直径）およびアコヤガイの生残率を測定した．

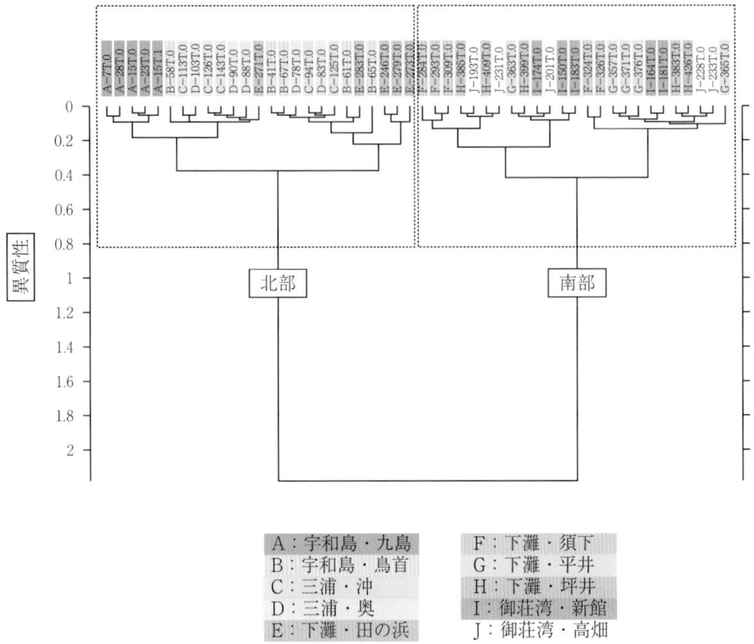

図4・8　環境要因がアコヤガイの成長と真珠の質に及ぼす影響-5：漁場による真珠の光学的特性の違い

宇和海の各漁場で生産された真珠の光学的特性をFT-IRにより測定し，得られたスペクトルを元にクラスター解析をおこなった．クラスターは漁場ごとにグループ化されることはなかったが，宇和海の北部と南部と大きく2つの漁場に大別された．

や品質にも大きく影響するといわれている．筆者らは，このことを科学的に確かめるために，同一系統の母貝と細胞貝および同サイズの真珠核を用いて，同一業者が挿核手術を行なった挿核貝を作製し，それらを宇和海一円の真珠養殖漁場 10 カ所で半年間育成し，産生された真珠の特性を解析した．生産者の一般的な感覚では，宇和海では南の漁場ほど真珠の巻きが厚くなり，真珠の色は黄色味が増すと考えられている．今回の試験では，北部の漁場であっても真珠層の厚い真珠が産生された漁場も存在したが，傾向としては南に行くほど真珠の巻は厚くなる傾向が認められた（図 4・7）．産生された真珠表面の光学的特性を FT-IR により調べたところ，その特性が北部の漁場と南部の漁場で大きく 2 つにクループ化された（図 4・8）．このことは，この 2 つのグループの間に，真珠の光学的特性に大きく影響を与える海洋環境の境界があることを示している．現段階では，真珠の光学的特性に影響を与える環境要因は明らかではないが，その環境要因が明らかとなれば，養殖漁場の選択により，真珠の品質をコントロールすることもできるのかもしれない．

4・4　種苗系統の管理

現在真珠母貝は，ほとんどが人工採苗によって生産されている．人工採苗に使用する親貝の選別は，採苗担当者の経験と勘に頼るところが多く，一般化が難しい．しかし，科学的な基準に基づく選抜育種は，安定的な種苗生産を行う上で欠かすことができない．ここでは，筆者らがおこなっている真珠の巻厚に着目した種苗生産の試みを紹介する．

真珠養殖業者が母貝を購入する際，巻厚の厚い真珠を産生する母貝の人気が高い．真珠の巻の厚さと母貝の殻の厚さは相関があると考えられているため，巻厚の厚い真珠を産する母貝を作出するためには，殻の厚い親貝を選別することが望まれる．しかし，採苗での親貝の選別の際には，実際に親貝候補の殻の厚さを計測するのは困難であることから，担当者の手触りや見た目で判断しているのが現状である．ここでは，筆者らがおこなっているアコヤガイの外部形態から真珠の巻厚を推測する客観的な指標の開発と，その指標を使用した親貝選抜による種苗生産の例を紹介する．

まず，真珠の巻厚と貝殻の外部形態との相関を調べた．種苗生産の現場でも簡単に評価できるように，重量，殻長，蝶番《ちょうつがい》長，真珠層殻長を測定し，これらのうちの数個の数値を用いて真珠の巻厚と最も相関がある指標を探索し定式化した．その結果，以下の定式（1）で計算される指標が最も高い相関係数を示した．筆者らはこれを貝殻指数と命名した．

貝殻指数＝[重量(g)/殻長(cm)]×[真珠層殻長(cm)/殻長(cm)]　…………　(1)

貝殻指数の定式のうち，「重量/殻長」は貝殻の厚みの近似値を，「真珠層殻長/殻長」は貝殻に占める真珠層部分の割合の近似値を示しており，種苗生産の現場でも理解されやすい定式となっている．実際に製品珠を産出した283個体のアコヤガイを用いて貝殻指数と真珠の巻厚の相関を調べたところ，相関係数は0.654であり，他の単独の指標よりも高い値を示した（図4・9）．さらに貝殻指数と真珠の巻厚の関係を漁場による影響を，海況の異なる 4 カ所の漁場で生産された挿核貝を用いて検証した（図 4・10）．挿核後，2 カ月に一度の頻度で貝殻と真珠を個体ごとに採集し，貝殻係数と真珠の巻厚の関係を調べたところ，いずれの漁場でも貝殻指数は真珠の巻厚に比例して増加していることが観察された．貝殻指数では，正確な真珠の巻厚を予想することはできないが，相対的な真珠巻厚の傾向は予想可能となった．

種苗生産での親貝選抜の際，この指標を用いることにより客観的な親貝選びが可能となるであろう．現在筆者らは，愛媛県内の種苗生産業者と共同で，貝殻指数を基に選別したアコヤガイ種苗の試験生産を実施し，生産された母貝の生育状況の調査と作製された母貝の挿核試験をおこない，貝殻指数の指標としての有用性を調査している．この指標に加えて，後述のゲノムシーケンスなどの遺伝的情報との紐付けをおこなうことで，客観的で安定した性能の母貝を作る種苗生産が実現できるものと考えている．

アコヤガイの全ゲノムは 2012 年に解析された（Takeuchi *et al.*, 2012）．しかし現段階では，その情報は優良アコヤガイ生産に積極的に活用されてはいない．その原因は「優良」なアコヤガイの定義が曖昧であることや，真珠養殖では，評価の対象がアコヤガイ自体ではなく，アコヤガイが作る真珠となり，間接的であることがあげられる．特に「優良」なアコヤガイの定義に関しては，真珠養殖の方法が，孵化後 1 年で挿核する場合や，2 年以上経ったアコヤガイに挿核する場合があり，挿核貝の育成期間も半年から 2 年と多様であるため，全ての養殖方法に最適な「優良」なアコヤガイを判別する基準を決めることが困難である．また，養殖漁場の海洋環境は，毎年大きく異なっており，生産した年に「優良」であっても，実際に使用する時には，環境に適応していないことも十分考えられる．

筆者らは，実際の種苗生産での親貝選抜で使用可能な遺伝子指標を得る目的で，愛媛県内で種苗生産を実施している 2 漁協から種苗生産に用いたアコヤガイのサンプルの供与を受け，全ゲノムの解析を実施し，そのデータを採取した．愛媛県は日本全国の 9 割近くの母貝の生産を担っており，この 2 漁協の親貝を解析することで，日本中で使用されているアコヤガイのうち，5 割以上のゲノム情報を解析したことになる．また，これらのサンプルの貝殻および内臓を保存し，形態などの数値化を行なった．さらに，生産した稚貝を母貝まで育成し，挿核試験も実施することで，真珠養殖の各段階での真珠の評価に繋がるデータ

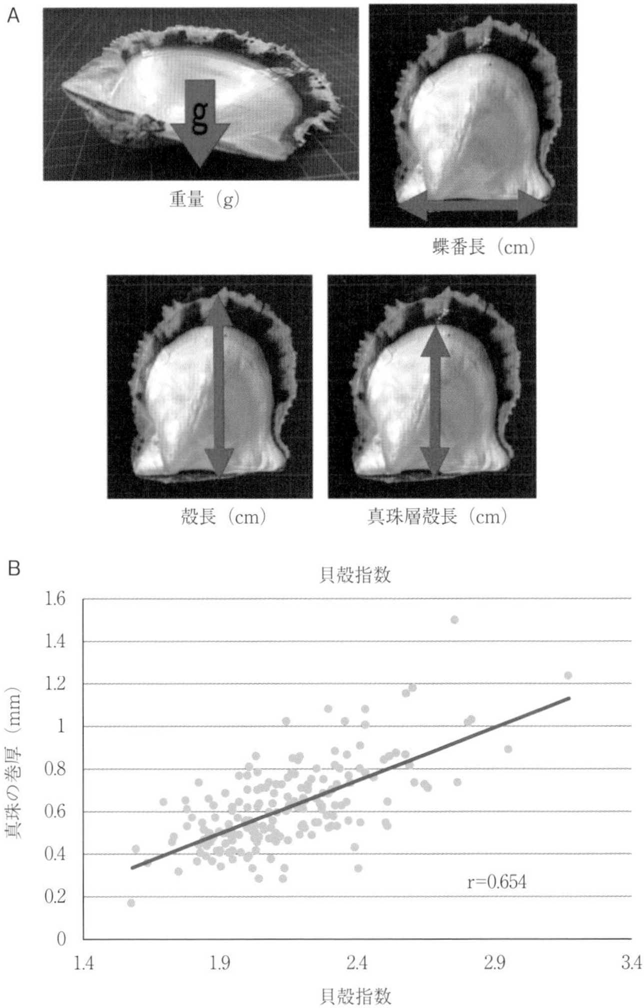

図4・9　種苗系統の管理-1：貝殻指数

A：貝殻指数を求めるために，アコヤガイの左殻を洗浄し，乾燥させたのちに図に示す4つの指標（重量，蝶番長，殻長，真珠層殻長）を測定した．

B：真珠を生産したアコヤガイの貝殻の貝殻指数を算出し，産出された真珠の巻厚（真珠直径から核サイズを引いたもの）との散布図を作成し，相関係数（r）を求めた．

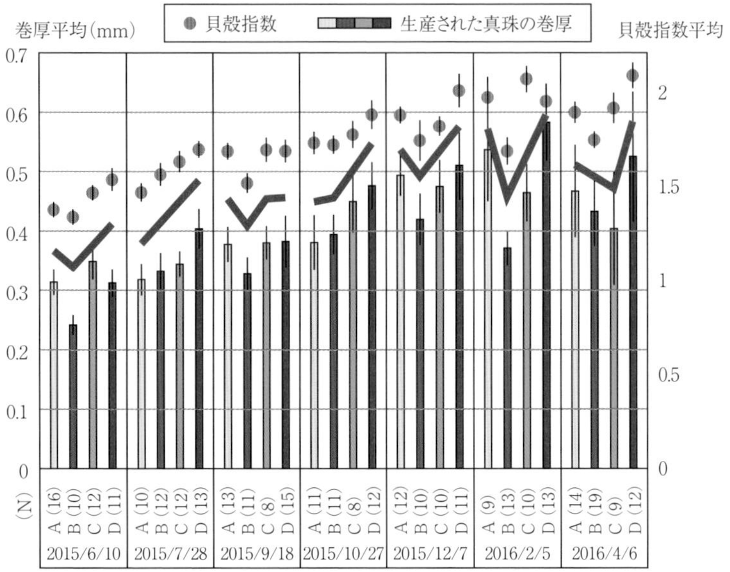

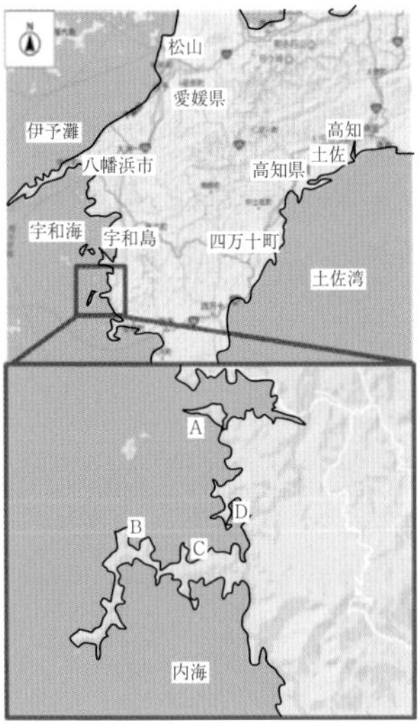

図4・10　種苗系統の管理-2：貝殻指数と真珠の巻厚に関する調査

挿核試験をおこなった真珠および貝殻を用いて，下灘地区4カ所における貝殻の貝殻指数と真珠の巻厚についての関係性を調査した．

を蓄積した．これらのデータに加え，これまで蓄積している海水温，潮流，溶存酸素，さらには付着生物やプランクトンの定性・定量データなど，海洋環境に関するデータによりデータバンクを構築し，これを用いて，将来的にはゲノム情報に基づく効率的で科学的な選抜育種を実施していくことを目指している．

4・5　種苗生産用親貝の安定的確保

近年，種苗生産の親貝候補として，天然採苗由来のアコヤガイの需要が増加している．しかし，年ごとに天然採苗できるアコヤガイ稚貝の量は大きく変動し，安定していない．確実な天然採苗をおこなうためには，採苗器投入のタイミングを漁業者の勘や経験に頼るのではなく，科学的根拠に基づいた採苗工程の構築が必要である．

確実にアコヤガイの稚貝を採集するためには，採苗海域でのアコヤガイの浮遊幼生の出現を実際に観察し，最も出現している時期と場所に採苗器を投入することが重要である．しかし，海中に浮遊する二枚貝は，アコヤガイ以外の種類も多数存在するため，アコヤガイ幼生のみの稚貝の出現量を定量的に測定す

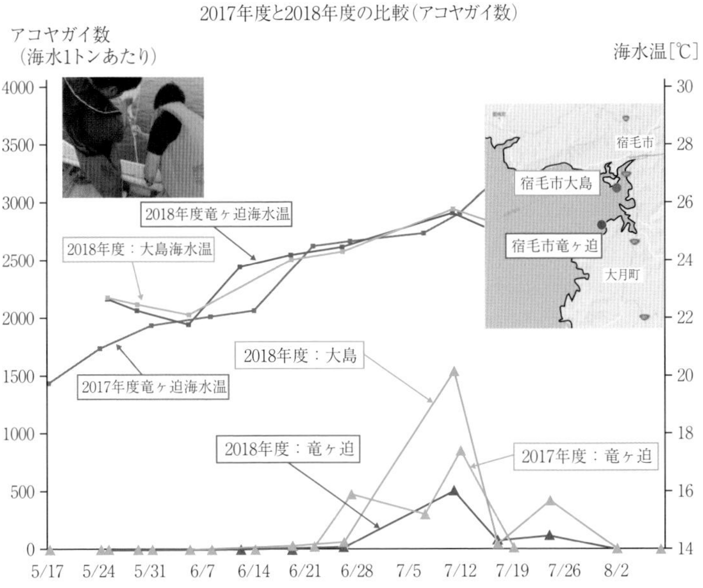

図4・11　種苗生産用親貝の安定的確保：天然採苗漁場でのアコヤガイ出現数
2017年度，2018年度に実施したアコヤガイ幼生の採集調査．プラクトンネットで回収した幼生数を海水1トン当たりに換算した．

ることは困難である．そこで，種苗の確保を天然採苗に依存しているホタテガイの例を参考に，アコヤガイ幼生に対する特異的抗体を作製し，実際に天然採苗を実施している高知県宿毛湾で，海中の浮遊アコヤガイ幼生の数を定期的にモニタリングし，採苗器の設置タイミングの最適化を試みた（図 4・11）．その結果，アコヤガイ幼生の出現時期が特定され，その出現時に採苗器を設置することで，アコヤガイの幼生を採取することに成功した（未発表）．今後はこの方法を使って，宿毛湾以外の地域での調査をおこない，天然採苗が可能な時期，海域を探索することで安定的なアコヤガイの天然採苗が可能となるであろう．

4・6　愛媛県宇和海におけるアコヤガイ真珠養殖の今後

真珠養殖は 100 年以上の歴史をもち，戦後復興期の日本の輸出産業を支え，外貨獲得に貢献した日本の水産業にとって重要な産業である．しかし，真珠産業の将来の見通しは不透明である．

真珠産業は，好景気などに支えられて右肩上がりに成長してきたが，赤変病などの原因により，その生産量は最盛期の 1/10 まで落ち込んだとされている．しかし，過去の情報を調べてみると，好景気の頃は，現在では商品とならない粗悪品も商品として出荷されていたため，当時の製品率は今の基準で見た場合と比べてどのくらいであったのか，真珠の品質は現在と比べてどうだったのかなどの客観的な情報がほとんど存在していない．また近年，海洋環境が，人工種苗生産により産生されたアコヤガイが適応できない状況になっていると思われる事象が多数見受けられる．この状況を検証するためにも，現状のデータと過去のデータの比較が重要になってくるが，過去の必要なデータは愛媛県内には保存されておらず，真珠養殖業者や母貝養殖業者の記憶のみが頼りとなり，客観性に欠けている．何事も，持続的に発展させるためには，過去を反省し，その上に立って前進していかなければならないが，愛媛の真珠養殖産業に関しては，現在それができにくい状況にある．

真珠産業は他の一次産業と同様，後継者不足が叫ばれており，実際に経営体数は減少しており，産業自体の存続が危ぶまれている．この状況を打破するためには，養殖方法の改善，より効率的な作業方法の開発，安定した種苗の提供など，克服すべき課題は多岐に渡っている．これらの課題を解決するためにも，現状の正確な把握と継続的なデータの蓄積は必要不可欠である．

真珠養殖は現場レベルでの研究開発が盛んで，新たな技術も基本的に養殖現場発である．これらの技術の中には，革新的で養殖の効率化に貢献している技術も数多くあるが，科学的な検証がおこなわれていないため，効果の怪しいものも少なくない．真に養殖に役立つ技術を開発するためには，養殖現場から出てきた様々なアイデアを科学的な手法で検証し，効果的な技術に発展させていく必要がある．

2017年に若手の真珠養殖・真珠母貝養殖生産者と愛媛大学の研究者が自発的に真珠養殖に関する勉強会である「NPO法人あこや真珠交流会」を立ち上げた．この交流会では，生産者が発案した様々な技術を科学的に検証し，自分たちの養殖に取り入れ，養殖の効率化を図っている．今回報告した様々なデータも，この交流会の協力でおこなわれたものである．筆者らは，このあこや真珠交流会を中心に，真珠養殖の技術開発やデータの保存，愛媛の真珠養殖のための標準テキストを作成し，愛媛，さらには日本の真珠産業の持続的発展に貢献したい．

2019年夏，愛媛県でのアコヤガイの謎の大量死が新聞で報道された（愛媛新聞，2019年9月4日）．現在のところ原因は不明であるが，同様の被害は長崎県や三重県など，他の主要真珠養殖県でも確認されていることから，全国規模で起こっている現象であるといえる．平成6年（1994年）から始まった赤変病が原因とされる大量へい死と状況は似ているが，死亡した貝を観察した限りでは，死因などは赤変病とは異なるように思われる．今後のアコヤガイおよび真珠の生産へのダメージは避けられないが，こういう状況であるからこそ，継続的なデータの正確な収集やサンプルの確保などが必要である．赤変病当時と比べて科学技術は飛躍的に進歩しているため，サンプルをしっかり確保することで大量死の原因究明が進む可能性が高い．今後も，日本で生まれた世界初の技術である真珠養殖を産業として継続していくためには，職人的な技術のみに支えられた養殖業に科学的な視点を取り入れて産業の改善をしていく必要がある．

謝　辞

本研究は，革新的技術開発・緊急展開事業　地域戦略プロジェクト「純国産真珠を支える真珠母貝の安定的生産技術体系の確立」の支援によって遂行された．本研究を進めるにあたって様々な面からご協力を頂いた愛媛県漁業協同組合連合会，下灘漁協，愛南漁協，宇和島市，愛南町のみなさま，さらにNPO法人あこや真珠交流会のみなさまに御礼申し上げる．

文　献

Hamano K, Awaji M, Usuki H. cDNA structure of an insulin-related peptide in the Pacific oyster and seasonal changes in the gene expression. *J. Endocrinol*. 2005; **187**: 55-67.

Iwai T, Takahashi M, Ido A, Miura C, Miura T. Effect of gender on Akoya pearl quality. *Aquaculture* 2015; **437**: 333-338.

Iwai T, Takahashi M, Miura C, Miura T. The Optical Characteristics of Cultured Akoya Pearl Are Influenced by Both Donor and Recipient Oysters: From Molecular and Nano-structural Analyses to Environmental Science. In: Endo K, Kogure T, Nagasawa H (eds). Spring Nature Singapore Pte Ltd. 2018: pp113-119.

小林新二郎，結城了五．アコヤガイ（*Pinctada martensii*）のタンク内人工飼育．日水誌 1952; **17**: 65-72.

真珠年鑑 2004 年版　真珠新聞社.

真珠年鑑 2008 年版　真珠新聞社.

Takeuchi T, Kawashima T, Koyanagi R, Gyoja F, Tanaka M, Ikuta T, Shoguchi E, Fujiwara M, Shinzato C, Hisata K, Fujie M, Usami T, Nagai K, Maeyama K, Okamoto K, Aoki H, Ishikawa T, Masaoka T, Fujiwara A, Endo K, Endo H, Nagasawa H, Kinoshita S, Asakawa S, Watabe S, Satoh N.Draft genome of the pearl oyster *Pinctada fucata*: a platform for understanding bivalve biology. *DNA Res*. 2012; **19**: 117-130.

5章　真珠層の色調関連成分の化学分析

柿沼　誠[1]・安元　剛[2]・鈴木道生[3]

真珠の色調は，光の反射や干渉に真珠層中の色素成分などが複雑に関与して発現する．真珠の色調は様々であるが，アコヤガイがつくる黄色系真珠の色調は，真珠層中に存在する黄色色素により生じる実体色とされている．これまでに複数の黄色色素が黄色系真珠から単離されているが，黄色色素の実体と真珠層中における分布は未だ不明である．このような背景のもと，筆者らは黄色系真珠の色調発現機構の解明のために，真珠層に含まれる黄色色素の抽出・精製と化学分析に取り組み，複数の色調関連成分の存在とその化学特性の一端を明らかにしてきた．ここでは，これまでの研究成果について紹介する．なお，本章の内容は *Marine Biotechnology* に掲載された論文（Kakinuma *et al*., 2020）をまとめたものであるが，本章では掲載論文で使用しなかった同等の成果を示す図表を用いた．

5・1　アコヤガイ真珠の色調と黄色色素

真珠の品質は一般に，照り，色，巻き（真珠層の厚さ），シミ・キズの有無，形，サイズなどの品質要素によって総合的に評価されるが（和田，1999；青木ら，2014；正岡，2014），照りと色には真珠層の物理化学的特性が深く関わっている．真珠層は炭酸カルシウム結晶（アラゴナイト）層と，基質タンパク質や多糖（不溶性キチン）などで構成される有機基質層が交互に重なった積層複合構造からなる（Zhang and Zhang, 2006；Marin *et al*., 2007；Suzuki *et al*., 2007）．真珠の照りは干渉色と光沢に分けられるが，これらは真珠への入射光が真珠表面や真珠層内の積層複合構造により反射，透過，干渉などの影響を受けて変化することで生じ，真珠特有の光沢ある虹色の発現に関与している（和田，1999；正岡，2014）．一方，真珠の色は物体色とも呼ばれ，その発現には真珠を形成

1）三重大学大学院生物資源学研究科
2）北里大学海洋生命科学部
3）東京大学大学院農学生命科学研究科

する外套膜外面上皮細胞から分泌されて真珠層内に取り込まれた色素成分や，真珠内部や真珠核表面に形成された非真珠層物質（稜柱層や有機物質などの異物質）が関与している（和田，1983, 1999；Elen, 2002；Snow *et al.*, 2004）．このように真珠の色調には，真珠層の構造と真珠に内包された色素や非真珠層物質に起因する干渉色，光沢，物体色が複雑に関係している．

アコヤガイにより生産される養殖真珠の色調は一般に，ホワイト，ゴールド，クリーム，ピンク，グリーン，ブルーの6つに大別され（沢田，1962；和田，1999），真珠層中の色素や非真珠層物質が光の干渉などに複雑に関与して発現する．特にゴールドとクリームの色調をもつアコヤガイ真珠は黄色系真珠とも呼ばれ，その色調は真珠層中に存在する黄色色素により生じる実体色とされている（図5・1）．1960～1970年代にかけて，黄色系真珠から抽出・分離した黄色色素の化学分析が精力的に進められ，黄色色素は鉄とペプチドの錯化合物（沢田，1961），カロテノイド色素（Koizumi and Nonaka, 1970a），基質タンパク質と糖のアミノカルボニル反応生成物（Koizumi and Nonaka, 1970b；赤松ら，1977）などと推察されている．このように，黄色系真珠の色調には複数の色素成分が

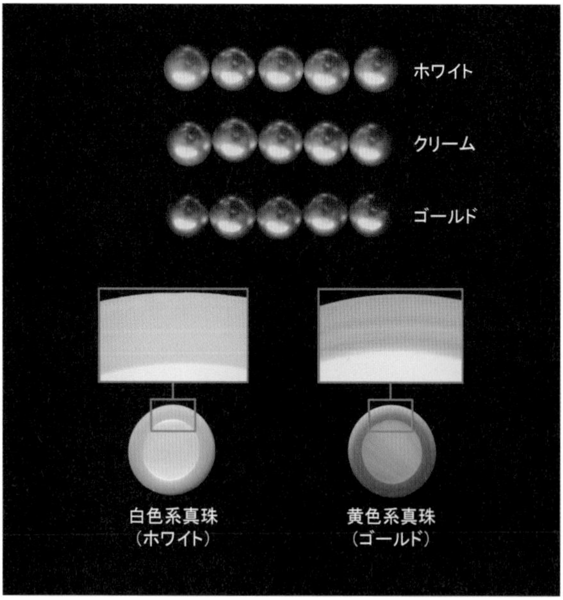

図5・1　アコヤガイ真珠とその断面

関係しているとされているが，それらの実体は未だ明らかになっていない．

5・2　黄色系アコヤガイ貝殻真珠層

黄色色素の抽出・分離にはこれまで黄色系真珠が用いられてきたが，商品価値のある真珠の中から黄色系真珠を選別して必要量を集めることは難しい．ところで，天然のアコヤガイや真珠養殖の母貝には，黄色系真珠と同等かそれ以上の黄色度の貝殻真珠層（黄色系貝殻真珠層）をもつものがある（図5・2）．一方で，黄色系の色調がほとんどみられない白色系貝殻真珠層をもつ天然貝や養殖母貝も存在する．アコヤガイ貝殻真珠層の黄色度は，黄色系のアコヤガイ真珠のそれと同様，真珠層中に存在する黄色色素の多寡によるものと考えられている．

アコヤガイを利用した真珠養殖では，貝殻から削りだした球形の真珠核と，細胞貝（ピース貝）の外套膜上皮片（ピース）を母貝の生殖巣内に移植する．すると，外套膜上皮片の外面上皮細胞から真珠核を包む真珠袋が形成され，真珠核の表面に真珠層が積み重ねられて真珠が作られる（正岡，2014）．養殖アコヤガイ真珠の色調は細胞貝の形質（外套膜の分泌特性）に大きく影響され，細胞貝の貝殻真珠層の黄色度とその外套膜上皮片を用いて母貝内で作られた真

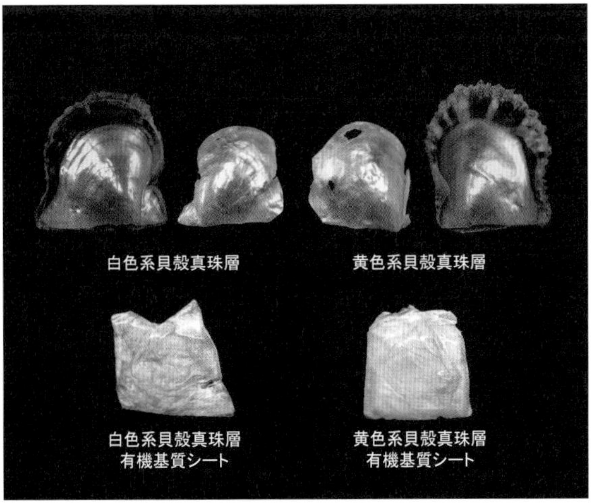

図5・2　アコヤガイ貝殻真珠層とEDTA脱灰で得られた貝殻真珠層有機基質シート

珠の黄色度には相関性が認められる（和田，1985；Wada and Komaru, 1996；Shinohara *et al.*, 2018）．アコヤガイ真珠と貝殻真珠層の黄色発現機構は本質的に同じと考えられるため，筆者らは黄色系真珠よりも入手が容易な黄色系貝殻真珠層を研究材料として用いている．

5・3　色調関連成分の抽出・分画

真珠養殖における外套膜上皮片の調製（ピース切り）で廃棄された細胞貝と，養殖真珠の収穫（浜揚げ）で廃棄された母貝から，黄色系真珠と同等以上の黄色度の黄色系貝殻真珠層と，黄色度が極めて低い白色系貝殻真珠層をもつ貝殻を目視で選別した．なお，アコヤガイ貝殻は外側から殻皮，稜柱層，真珠層で構成されているため，不要な殻皮と稜柱層を完全に除去する必要がある．その方法として水酸化カリウム水溶液を用いた蒸煮処理があるが（林，1999），真珠層成分への影響を抑えるためにディスクグラインダーで殻皮と稜柱層を完全に除去した（図 5・2）．

アコヤガイ真珠層は一般に，90% 以上の炭酸カルシウム結晶を主体とした無機成分と，5% 程度の有機基質成分からなる（田中・波多野，1957；和田，1999）．真珠層に含まれる色素成分を抽出するためには，まず炭酸カルシウム結晶を溶出させる操作（脱灰）が必要となる．脱灰にはエチレンジアミン四酢酸（EDTA）水溶液，酢酸または塩酸（1 ～ 2 M 程度）水溶液が汎用されるが，色素成分や有機基質成分の変性・分解を避けるため，EDTA 水溶液による脱灰を選択した．黄色系および白色系貝殻真珠層を EDTA 脱灰したところ，得られた真珠層有機基質シートの黄色度に顕著な差が認められたため（図 5・2），黄色色素は真珠層有機基質に存在していると考えた．真珠層有機基質には，様々

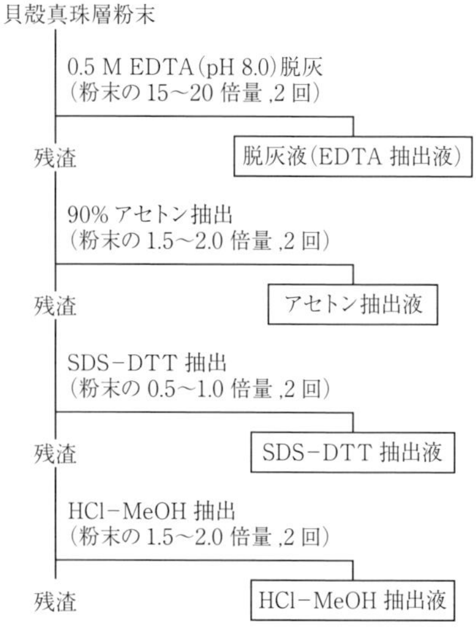

図5・3　アコヤガイ貝殻真珠層からの黄色色素の抽出方法

な基質タンパク質，不溶性多糖，脂質が含まれるとされている（Zhang and Zhang, 2006；Marin *et al*., 2007；Suzuki *et al*., 2007；Farre and Dauphin, 2009）．そこで，これまでに報告されている真珠層有機基質成分や色素成分の抽出・分画方法（Koizumi and Nonaka, 1970a, 1970b；赤松ら，1977；Suzuki *et al*., 2004）を改変して，黄色系貝殻真珠層の色調関連成分を抽出・分画した．

黄色系および白色系貝殻真珠層の粉末（粒径約300 μm）をそれぞれEDTA脱灰し，得られた各残渣（真珠層有機基質）を90%アセトン抽出，ドデシル硫酸ナトリウム-ジチオトレイトール（SDS-DTT）抽出，塩酸-メタノール（HCl-MeOH）抽出に供した（図5・3）．各抽出液の色調を比較したところ，HCl-MeOH抽出液の黄色度に最も大きな差が認められたため，この画分に黄色色素が多く含まれていると考えた．なお，アセトン抽出液およびSDS-DTT抽出液においても，黄色度にわずかな違いがみられた．

5・4　HCl-MeOH抽出液に含まれる黄色色素の化学分析

1）HCl-MeOH抽出液に含まれる黄色色素の分離

黄色系貝殻真珠層から調製したHCl-MeOH抽出液のセルロース薄層クロマトグラフィー（TLC）分析の結果から，HCl-MeOH抽出液には2つの黄色色素（主成分E1と副成分E2）が含まれていることがわかった（図5・4）．なお，セルロースTLCで分離された主成分E1は鮮やかな黄色，副成分E2は黄褐色を呈していた．黄色色素E1およびE2をセルロース担体ごと個別に回収し，HCl-MeOH溶液で溶出した．溶出液のpHを塩基性としたところ，E1溶出液からは褐色沈澱，E2溶出液からは暗緑色沈澱が得られた．

2）走査型電子顕微鏡-エネルギー分散型X線（SEM-EDX）分析

主成分E1および副成分E2の沈澱粒子の形状と元素組成を調べるために，SEM-EDX分析をおこなった．SEM-EDXは電子線を試料に当てて試料表面を観察するSEMに，電子線を照射した試料から発生する特性X線を分光・検出するEDXが付属した装置で，元素固有の特性X線のエネルギーとその発生回数から試料の元素組成を知ることができる．SEM観察ではE1およびE2沈澱の粒子形状やサイズに明瞭な差は認められなかったが，それらのEDXスペクトルは大きく異なっていた（図5・4）．EDXスペクトルデータから算出された元素組成（表5・1）から，E1沈澱は主に鉄，酸素，炭素で構成されている

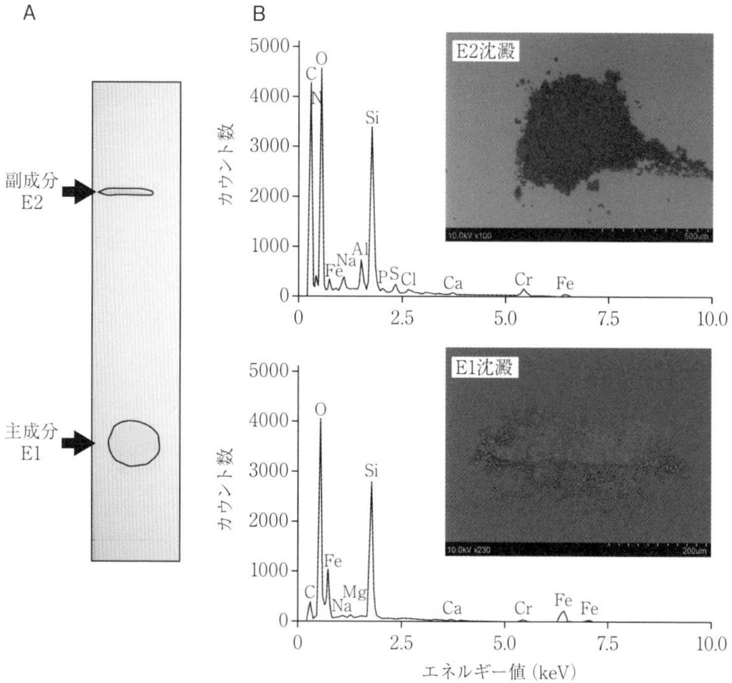

図5・4　黄色系貝殻真珠層から調製したHCl-MeOH抽出液のセルロースTLC分析結果（展開溶媒：HCl飽和ブタノール）（A）とTLCプレートから回収した黄色色素（主成分E1，副成分E2）沈澱のSEM画像およびEDXスペクトル（B）

ことがわかった．一方，E2沈澱は主に炭素，酸素で構成され，E1沈澱の主要元素である鉄の含量は極端に低いことがわかった．また，E2沈澱でのみ窒素が検出された．

3）フーリエ変換型赤外分光（FT-IR）分析

E1およびE2沈澱の化学構造を調べるために，FT-IR分析をおこなった．FT-IRでは試料に赤外光を照射し，吸収された赤外光を測定することで，試料に含まれる官能基などの化学構造や状態に関する情報を得ることができる．E1沈澱のFT-IRスペクトルにおいて，O-H変角振動，O-H伸縮振動，炭酸塩やカルボン酸塩（C=O伸縮振動とC-O伸縮振動）と考えられる吸収帯のほか，

表5・1　黄色色素（主成分 E1，副成分 E2）沈澱の元素分析結果

元素	E1沈澱		E2沈澱	
	質量％	元素％	質量％	元素％
C	9.1	19.5	40.9	56.1
N	ND	ND	5.1	5.9
O	25.1	40.9	21.6	22.2
Na	0.2	0.2	0.8	0.6
Mg	0.2	0.2	ND	ND
Al	ND	ND	2.2	1.3
P	ND	ND	0.2	0.1
S	ND	ND	0.8	0.4
Cl	ND	ND	0.5	0.2
Ca	0.6	0.4	0.5	0.2
Cr	2.7	1.3	6.7	2.1
Fe	43.7	20.3	4.6	1.4

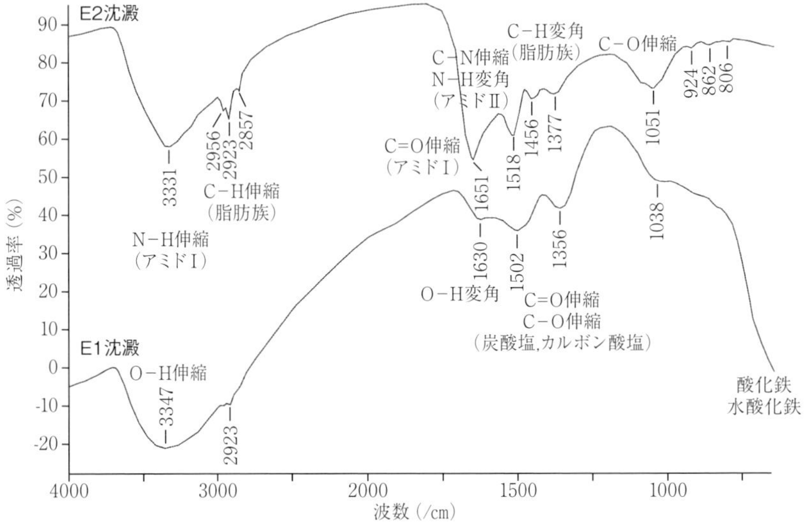

図5・5　黄色色素（主成分E1，副成分E2）沈澱のFT-IRスペクトル

酸化鉄や水酸化鉄に特徴的な吸収帯（波数800/cm以下）が確認された（Fischer and Schwertmann, 1975；Sherman and Waite, 1985；Namduri and Nasrazadani, 2008）．一方，E2沈澱のFT-IRスペクトルには，脂肪族（C-H伸縮振動とC-H変角振動），アミドⅠ（N-H伸縮振動とC=O伸縮振動），アミドⅡ（C-N伸縮振動とN-H変角振動），C-O伸縮振動に特徴的な吸収帯が確認された（図5・5）．これらの結果から，E1沈澱は酸化鉄または水酸化鉄を主組成とする無機化合物，E2沈澱は脂肪族（C-H）結合やアミド（-CONH-）結合を含むポリアミドを主組成とする有機化合物であると推察され，EDXスペクトルデータから算出された元素組成（表5・1）の結果とよく一致した．

4）鉄イオン検出と紫外可視（UV-VIS）分光分析

E1沈澱の各種分析から，HCl-MeOH抽出液に可溶化している主成分E1は鉄イオンと考えられた．そこで，黄色系貝殻真珠層から調製した各抽出液（図5・3），HCl-MeOH抽出液から直接回収した沈澱（E1およびE2の混合沈澱），HCl-MeOH抽出液から個別回収したE1およびE2沈澱（図5・4）につき，塩酸酸性（可溶化）条件下で鉄イオン検出をおこなった．その結果，酸可溶化E1を含む試験区において鉄（Ⅲ）イオン陽性反応が認められた（表5・2）．また，セルロースTLC分析においてE1は，塩化鉄（Ⅲ）や酸化鉄（Ⅲ）と類似のRf値ならびに色調（鮮やかな黄色）を示した（図5・6）．さらに，HCl-

表5・2　黄色系貝殻真珠層粉末から調製した抽出液と黄色色素沈澱の鉄イオン検出結果

抽出液と沈澱の種類	検出試薬と反応*1		
	KSCN	$K_3[Fe(CN)_6]$	$K_4[Fe(CN)_6]$
脱灰液（EDTA抽出液）	−	−	−
アセトン抽出液	−	−	−
SDS-DTT抽出液	−	−	−
HCl-MeOH抽出液	＋（赤色）	−	＋（濃青色）
HCl-MeOH抽出色素沈澱*2	＋（赤色）	−	＋（濃青色）
E1沈澱	＋（赤色）	−	＋（濃青色）
E2沈澱	−	−	−

*1 チオシアン酸カリウム水溶液（KSCN），ヘキサシアノ鉄（Ⅲ）酸カリウム水溶液（$K_3[Fe(CN)_6]$），ヘキサシアノ鉄（Ⅱ）酸カリウム水溶液（$K_4[Fe(CN)_6]$）に対する陰性反応を−，陽性反応を＋で示す．

*2 HCl-MeOH抽出液から直接回収した沈澱（E1およびE2の混合沈澱）．

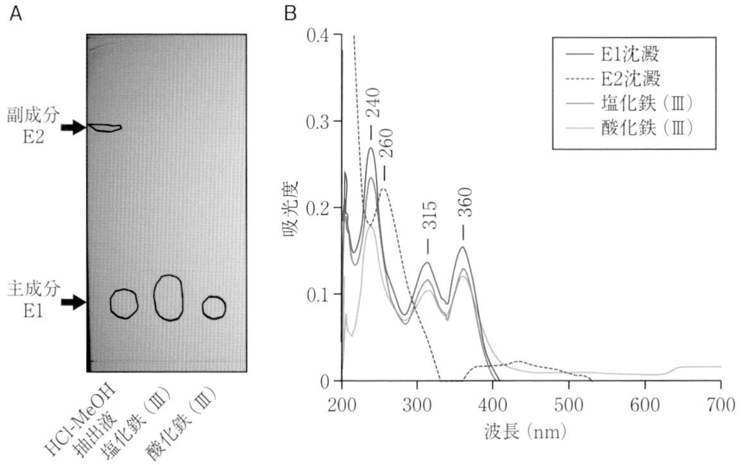

図5・6　黄色系貝殻真珠層から調製したHCl-MeOH抽出液と鉄化合物のセルロースTLC分析結果（展開溶媒：HCl飽和ブタノール）（A）とUV-VIS吸収スペクトル（HCl-MeOH溶液中）（B）．

MeOHに溶解したE1沈澱および鉄化合物は類似の吸収スペクトルを示し，240，315，360 nmに特異な吸収極大がみられた（図5・6）．このような吸収スペクトルは，鉄（Ⅲ）含有鉱物（針鉄鉱，鱗鉄鉱，磁赤鉄鉱）でも認められる（Sherman and Waite, 1985）．これらの結果から，HCl-MeOH抽出液に含まれる黄色色素の主成分E1は鉄（Ⅲ）イオンであることがわかった．一方，HCl-MeOHに溶解したE2沈澱の吸収スペクトルでは，260 nmに吸収極大がみられた．

5）貝殻真珠層と真珠に含まれる黄色色素の比較

黄色系貝殻真珠層のEDTA脱灰残渣からHCl-MeOH抽出される黄色色素の主成分E1の実体は鉄（Ⅲ）イオン，副成分E2はポリアミドを主組成とする有機化合物であることがわかった（表5・1，図5・5，5・6）．黄色系貝殻真珠層から単離されたこれら黄色色素は，黄色系真珠で確認されている黄色色素とどのような関係にあるのだろうか．

黄色系真珠の酸性MeOH脱灰液から単離された黄色色素は，鉄とペプチドの錯化合物と推定されているが（沢田，1961），そのIRスペクトルはE2沈澱のそれとよく類似している．また，黄色系真珠を酢酸脱灰して得た残渣のHCl-MeOH抽出液からは，基質タンパク質と糖のアミノカルボニル反応生成物や非タンパク質性成分とされる黄色色素が分離されているが（Koizumi and Nonaka, 1970b；赤松ら，1977），これらのTLCクロマトグラムやUV-VISスペクトルはそれぞれ，副成分E2と主成分E1のものに類似している．真珠層の脱灰や色素成分の分離操作の違いが黄色色素の化学構造に影響している可能性はあるものの，黄色系貝殻真珠層と黄色系真珠に含まれる黄色色素の化学的性質に共通性が認められることから，黄色系貝殻真珠層は色調関連成分の研究材料に適しているといえる．現在，副成分E2の実体解明のために構造解析を進めている．

5・5　真珠層における主成分E1（鉄）の形態と分布

1）真珠層における主成分E1（鉄）の形態

黄色系貝殻真珠層のEDTA脱灰残渣からHCl-MeOH抽出される主成分E1の実体は鉄（Ⅲ）イオンであり，真珠層有機基質にかなり強固に保持されていると想像されるが，真珠層中で鉄はどのような形態をとっているのであろうか．そこで，黄色系貝殻真珠層中に存在する鉄の形態を調べるために，X線吸収微細構造（XAFS）分析をおこなった．XAFS分析では試料のX線吸収スペクトルを測定することで，試料中の目的元素の価数，配位数，配位構造といった局所構造に関する情報を得ることができる（Bando *et al*., 2015；Fukuda *et al*., 2016）．

XAFS分析の結果，黄色系貝殻真珠層と鉄（Ⅲ）イオンを含む牛血清アルブミン－鉄（Ⅲ），水酸化鉄（Ⅲ），クエン酸鉄（Ⅲ）では7.114～7.117 keVにプレエッジピークがみられ，鉄のK吸収端XAFSピーク（鉄のK殻のX線吸収に起因する急激なピーク）の範囲は7.129～7.133 keVであった（図5・7）．一方，鉄（Ⅱ）イオンを含むクエン酸鉄（Ⅱ）ではプレエッジピークは観察されず，K吸収端XAFSピークは鉄（Ⅲ）含有化合物のそれよりも低エネルギー側（7.126 keV）にシフトしていた（図5・7）．鉄のK吸収端XAFSスペクトルでは一般に，K吸収端よりも低エネルギー側（7.11～7.12 keV）に鉄の価数に応じてプレエッジピークが観察され，K吸収端XAFSピーク位置は価数が小さいほど低エネルギー側へ，価数が大きいほど高エネルギー側にシフトする（Okudera *et al*., 2012；González *et al*., 2014；Boubnov *et al*., 2015；Fukuda *et al*.,

2016）．これらのことから，黄色色素の主成分 E1 は鉄（Ⅲ）イオンの形で真珠層有機基質と結合して存在していると考えられた．

2）真珠層における主成分 E1（鉄）の分布

アコヤガイ貝殻真珠層における鉄の分布を調べるために，白色系および黄色系貝殻真珠層粉末（各 100 g）から調製した脱灰液，アセトン抽出液，SDS-DTT 抽出液，HCl-MeOH 抽出液（図 5・3）の鉄含量を誘導プラズマ質量分析計（ICP-MS）で測定した．白色系貝殻真珠層から抽出された鉄の総量は約 2,500 μg（25 ppm）であったが，黄色系貝殻真珠層から抽出された鉄の総量は 2.5 倍以上の約 6,500 μg（65 ppm）であった．一般的な養殖真珠の鉄含量は約 1 ～ 30 ppm であり（Wada, 1981），養殖アコヤガイ真珠の鉄含量に関しては，白色系および黄色系でそれぞれ 21.6 および 34.2 ppm との報告がある（沢田，1961）．白色系貝殻真珠層の鉄含量は過去の分析値とほぼ同じであったが，黄色系貝殻真珠層の鉄含量は黄色系真珠の約 1.9 倍であった．白色系および黄色

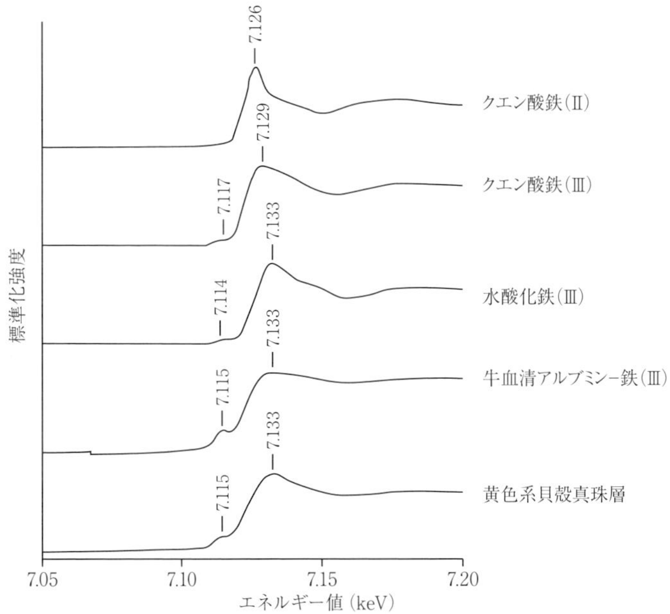

図5・7　黄色系貝殻真珠層と鉄化合物のK吸収端XAFSスペクトル

系貝殻真珠層に含まれる鉄の大部分（総量の約 67 ～ 75%）は，EDTA 脱灰液に抽出されていた．また，脱灰残渣に保持されていた鉄の約 90%（総量の約 23 ～ 30%）は HCl-MeOH 抽出されたが，アセトン抽出液および SDS-DTT 抽出液に鉄はほとんど検出されなかった（総量の 2% 以下）．これらの結果は，黄色系貝殻真珠層の黄色発現に関わる鉄（Ⅲ）イオンは不溶性有機基質成分に保持されているほか，EDTA 脱灰液に可溶な有機基質成分などにも保持されていることを示唆している．真珠層有機基質には酸性アミノ酸に富み，炭酸カルシウム結晶の形成や成長を制御する様々な基質タンパク質が存在する（Miyamoto *et al*., 1996；Zhang and Zhang, 2006；Marin *et al*., 2007, 2012）．今後，EDTA 脱灰液や HCl-MeOH 抽出液中の鉄が本来，どのような真珠層成分に結合しているのか明らかにする必要がある．

5・6　黄色系貝殻真珠層に含まれるその他の色調関連成分

黄色系および白色系貝殻真珠層粉末から調製した各抽出液（図 5・3）の黄色度を比較すると，HCl-MeOH 抽出液でその差は顕著であるが，アセトン抽出液や SDS-DTT 抽出液においてもわずかな違いが認められる．したがって，黄色系貝殻真珠層の黄色発現に関わる副成分が，これら抽出液に含まれている可能性がある．

貝類の殻色発現には，テトラピロール（環状ポルフィリンと直鎖状ビリン），ポリエン（複数の二重結合で構成される有機化合物），メラニン（ユーメラニンとフェオメラニン）などの生体色素が関与している（Williams, 2017）．分光学的手法や分子生物学的手法により，これら生体色素がアコヤガイ，クロチョウガイ，イケチョウガイ真珠の実体色発現に関与していることが示唆されている（Iwahashi and Akamatsu, 1994；Nagai *et al*., 2007；Karampelas *et al*., 2009；Miyashita and Takagi, 2011；Shi *et al*., 2014；Lemer *et al*., 2015）．黄色系アコヤガイ真珠に限ると，微量のカロテノイドやポルフィリン誘導体と推測される色調関連成分が検出されているが，これらは黄色系および白色系真珠の黄色度の差の主原因ではないとされている（沢田 , 1962；Koizumi and Nonaka, 1970a；矢野 , 1975）．黄色系貝殻真珠層から調製したアセトン抽出液の UV-VIS スペクトルを測定したところ，400 および 660 nm に吸収極大がみられた（図 5・8）．また，アセトン抽出液の逆相 TLC において，黄緑色や橙色を呈する 4 種類の微量成分が分離され，いずれの色素成分も UV（365 nm）照射により赤色蛍光

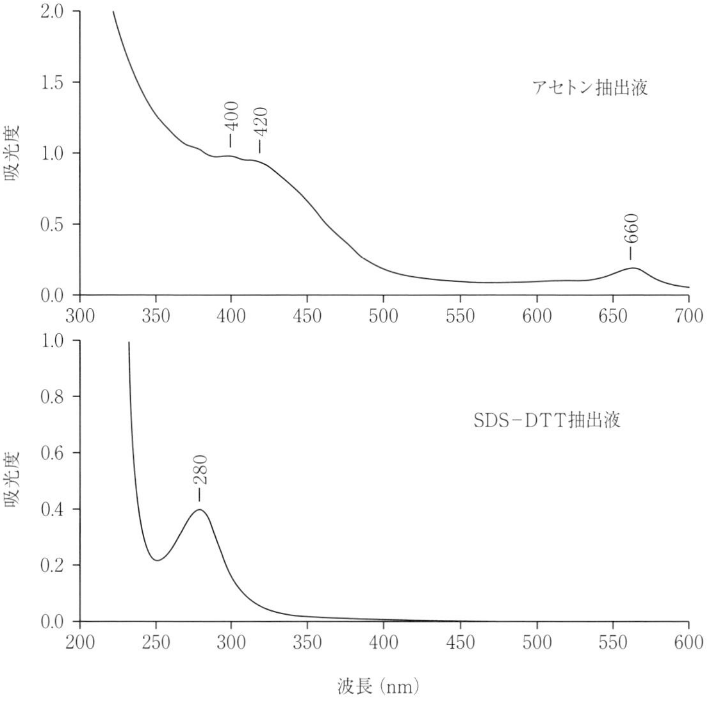

図5・8　黄色系貝殻真珠層から調製したアセトン抽出液とSDS-DTT抽出液のUV-VIS吸収スペクトル（それぞれHCl-MeOH溶液中と水溶液中で測定）

を発した．これらの結果から，黄色系貝殻真珠層には複数のポルフィリン誘導体が存在するが，存在量から類推して真珠層の黄色発現への関与は低いと思われる．

黄色系貝殻真珠層の SDS-DTT 抽出液の UV-VIS スペクトルを調べたところ，280 nm に吸収極大がみられた（図 5・8）．この抽出液には，不溶性基質タンパク質の断片などが含まれていると考えられる．SDS-DTT 抽出液を分画分子量 100 K，10 K，3 K の限外ろ過フィルターで順次分画したところ，3 K 濃縮液（分子量 3 〜 10 K の成分を含む）が最も強い黄色を呈した．黄色系貝殻真珠層の SDS-DTT 抽出液には微量であるが，白色系貝殻真珠層の約 2.2 倍量の鉄が含まれていた．各限外ろ過画分の鉄含量を ICP-MS で調べたところ，3 K 濃縮成分の鉄含量（約 1,000 ppm）が他の分画成分（約 8 〜 22 ppm）よりも著しく高いことがわかった．またXAFS分析の結果から，3 K濃縮成分は鉄（Ⅲ）イオンを保持していると考えられた．これらの結果は，鉄（Ⅲ）イオンを保持する不溶性有機基質成分の一部が，SDS-DTT抽出液に可溶化している可能性を示している．

5・7　まとめと今後の展望

これまでの研究で，アコヤガイ貝殻真珠層の黄色発現には，真珠層中に存在する鉄（Ⅲ）イオンが大きく関与していることがわかった．アコヤガイ真珠においても黄色系で鉄含量が多い傾向が認められることから（沢田，1961），アコヤガイ真珠の黄色発現にも鉄（Ⅲ）イオンが関係していると考えられる．今後，分光測色計や色彩色差計を利用してアコヤガイ真珠の黄色度を数値化し（林 , 1999；淡路ら , 2014），鉄含量との相関性を調べる必要がある．また，シロチョウガイやクロチョウガイが生産する黄色真珠においても，真珠層の微細構造に起因する干渉光のほか，真珠層中に含まれる生体色素の関与が示唆されている（和田，1893；Snow *et al*., 2004；Ky *et al*., 2017a）．これら真珠の黄色発現への鉄（Ⅲ）イオンの関与にも興味がもたれる．

アコヤガイ貝殻の色（稜柱層および真珠層の色）や貝殻真珠層の構造特性は遺伝形質であることがわかっており（和田，1984, 1986；Wada, 1994），母貝内で生産されるアコヤガイ真珠の色調をはじめとする品質要因は，母貝よりも細胞貝の形質（外套膜の分泌特性）に大きく影響される（和田，1985；Wada and Komaru, 1996；淡路ら，2014；Shinohara *et al*., 2018）．なお，このような細胞貝の形質とその外套膜上皮片から作られる養殖真珠の品質との相関性は，シロチョウガイやクロチョウガイにおいても認められる（McGinty *et al*., 2010；McDougall *et al*., 2016；Ky *et al*., 2017a, 2017b, 2018）．実際のアコヤガイ真珠養殖では，白色系真珠の出現率を高めるために育種改良された細胞貝が用いられているが，天然貝や養殖母貝の約80%以上は貝殻真珠層に黄色色素をもつとされている（和田，1969, 1984）．興味深いことに，貝殻真珠層の色調を基に選抜されたアコヤガイ黄色選抜集団の貝殻重量は，白色選抜集団のそれよりも高くなる傾向が認められている（和田，1986）．また，黄色選抜集団を細胞貝として生産した真珠は，白色選抜集団を細胞貝とした場合よりも重くなる傾向がある（和田，1985）．このように，両選抜集団の間には黄色色素だけでなく真珠層成分の分泌量にも違いが認められる．真珠層形成において，アスパラギン酸に富む酸性タンパク質，疎水性シルク様タンパク質（silk-like protein），不溶性キチンで構成される有機基質層は，炭酸カルシウム結晶の形成・成長制御に重要な役割を果たしている（Levi-Kalisman *et al*., 2001；Wilt, 2005；Addadi *et al*., 2006）．シルク様タンパク質に類似のカイコ *Bombyx mori* 由来フィブロイン（カイコ絹糸の主要タンパク質）は，鉄（Ⅲ）イオン存在下で炭酸カルシウムの結晶化とアラゴナイト形成を促進するとの報告がある（Wang *et al*., 2012；Lin *et al*., 2015）．遺伝形質であるアコヤガイ貝殻特性のうち，鉄代謝とそれに起因する貝殻真珠層の黄色発現にどのような生物学的意義があるのか興味がもたれる．

アコヤガイ貝殻真珠層やアコヤガイ真珠の黄色発現機構の解明には，真珠層の鉄（Ⅲ）イオン保持成分の同定や副成分 E2 の構造決定など，未だ多くの課題が残されているが，これら研究過程で得られる知見は将来，黄色色素代謝とその関連遺伝子の特定や，新たな真珠色調制御技術の開発などにつながると期待される．

謝　辞

ここで紹介した一連の研究を遂行するにあたり，ご指導ならびにご協力いただいた株式会社ミキモト真珠研究所の永井清仁 博士，御木本製薬株式会社の前山　薫 博士，服部文弘 博士，水産研究・教育機構増養殖研究所の淡路雅彦博士に深く感謝する．また，研究材料であるアコヤガイ貝殻の選別および研削にご協力いただいたミキモト真珠養殖場の皆様に感謝する．

文　献

Addadi L, Joester D, Nudelman F, Weiner S. Mollusk shell formation: a source of new concepts for understanding biomineralization processes. *Chem. Eur. J.* 2006; **12**: 980-987.

赤松　蔚, 小松　博, 小泉千秋, 野中順三九. 黄色系真珠と白色系真珠における糖成分の相違. 日水誌 1977; **43**: 773-777.

青木秀夫, 渥美貴史, 古丸　明. アコヤガイの改良と新しい養生技術.「真珠研究の最前線—高品質真珠生産への展望」(淡路雅彦, 古丸　明, 舩原大輔 編) 恒星社厚生閣. 2014; pp23-47.

淡路雅彦, 山本貴志, 柿沼　誠, 永井清仁, 渡部終五. アコヤガイ外套膜から分離した外面上皮細胞の移植による真珠形成. 日水誌 2014; **80**: 578-588.

Bando KK, Ichikuni N, Lu J-Q. XAFS analysis of FeOx promoted Ir/SiO_2 catalysts. *Photon Factory Act. Rep.* 2015; **33**: 2014P013.

Boubnov A, Lichtenberg H, Mangold S, Grunwaldt J-D. Identification of the iron oxidation state and coordination geometry in iron oxide- and zeolite-based catalysts using pre-edge XAS analysis. *J. Synchrotron Radiat*. 2015; **22**: 410-426.

Elen S. Identification of yellow cultured pearls from the black-lipped oyster *Pinctada margaritifera*. *Gems Gemol*. 2002; **38**: 66-72.

Farre B, Dauphin Y. Lipids from the nacreous and prismatic layers of two Pteriomorpha Mollusc shells. *Comp. Biochem. Physiol*. 2009; **B152**: 103-109.

Fischer WR, Schwertmann U. The formation of hematite from amorphous iron(III) hydroxide. *Clays Clay Miner*. 1975; **23**: 33-37.

Fukuda K, Ochi M, Kojima H, Mayumi R, Okamoto Y, Semboshi S, Saitoh Y, Hori F, Iwase A. Microstructure of implanted Fe nanoparticles in silica glass and their effect on magnetic properties. *Photon Factory Act. Rep*. 2016; **34**: 2015G516.

González AG, Pokrovsky OS, Jiménez-Villacorta F, Shirokova LS, Santana-Casiano JM. Iron adsorption onto soil and aquatic bacteria: XAS structural study. *Chem. Geol*. 2014; **372**: 32-45.

林　政博．アコヤガイの殻体真珠層色の改良について．全真連技術研究会報 1999; **14**: 1-13.

Iwahashi Y, Akamatsu S. Porphyrin pigment in black-lip pearls and its application to pearl identification. *Fish. Sci*. 1994; **60**: 69-71.

Kakiunma M, Yasumoto K, Suzuki M, Kasugai C, Koide M, Mitani K, Shidoji K, Kinoshita S, Hattori F, Maeyama K, Awaji M, Nagai K, Watabe S. Trivalent iron is responsible for the yellow color development in the nacre of Akoya pearl oyster shells. *Mar. Biotechnol*. 2020; **22**: 19-30.

Karampelas S, Fritsch E, Mevellec J-Y, Sklavounos S, Soldatos T. Role of polyenes in the coloration of cultured freshwater pearls. *Eur. J. Mineral*. 2009; **21**: 85-97.

Koizumi C, Nonaka J. Yellow pigments of pearl-I. Carotenoid pigment in yellow nacre. *Nippon Suisan Gakkaishi* 1970a; **36**: 1054-1058.

Koizumi C, Nonaka J. Yellow pigments of pearl-II. HCl-methanol soluble yellow pigments. *Nippon Suisan Gakkaishi* 1970b; **36**: 1059-1066.

Ky C-L, Koua MS, Moullac GL. Impact of spat shell colour selection in hatchery-produced *Pinctada margaritifera* on cultured pearl color. *Aquacult. Rep*. 2018; **9**: 62-67.

Ky C-L, Lo C, Planes S. Mono- and polychromatic inner shell phenotype diversity in *Pinctada margaritifera* donor pearl oysters and its relation with cultured pearl color. *Aquaculture* 2017a; **468**: 199-205.

Ky C-L, Pabic LL, Koua MS, Molinari N, Nakasai S, Devaux D. Is pearl colour produced from *Pinctada margaritifera* predictable through shell phenotypes and rearing environments selections? *Aquacult. Res*. 2017b; **48**: 1041-1057.

Lemer S, Saulnier D, Gueguen Y, Planes S. Identification of genes associated with shell color in the black-lipped pearl oyster, *Pinctada margaritifera*. *BMC Genomics* 2015; **16**: 568.

Levi-Kalisman Y, Falini G, Addadi L, Weiner S. Structure of the nacreous organic matrix of a bivalve mollusk shell examined in the hydrated state using Cryo-TEM. *J. Struct. Biol*. 2001; **135**: 8-17.

Lin G, Zhong Y, Zhong J, Shao Z. Effect of Fe^{3+} on the silk fibroin regulated direct growth of nacre-like aragonite hybrids. *Cryst. Growth Des*. 2015; **15**: 5774-5780.

Marin F, Luquet G, Marie B, Medakovic D. Molluscan shell proteins: primary structure, origin, and evolution. *Curr. Top. Dev. Biol*. 2007; **80**: 209-276.

Marin F, Roy NL, Marie B. The formation and mineralization of mollusk shell. *Front. Biosci*. 2012; **S4**: 1099-1125.

正岡哲治．アコヤガイの育種．「真珠研究の最前線―高品質真珠生産への展望」（淡路雅彦，古丸　明，舩原大輔 編）恒星社厚生閣．2014: pp9-22.

McDougall C, Moase P, Degnan BM. Host and donor influence on pearls produced by the silver-lip pearl oyster, *Pinctada maxima*. *Aquaculture* 2016; **450**: 313-320.

McGinty EL, Evans BS, Taylor JUU, Jerry DR. Xenografts and pearl production in two pearl oyster species, *P. maxima and P. margaritifera*: effect on pearl quality and a key to understanding genetic contribution. *Aquaculture* 2010; **302**: 175-181.

Miyamoto H, Miyashita T, Okushima M, Nakano S, Morita T, Matsushiro A. A carbonic anhydrase from the nacreous layer in oyster pearls. *Proc. Natl. Acad. Sci. USA* 1996; **93**: 9657-9660.

Miyashita T, Takagi R. Tyrosinase causes the blue shade of an abnormal pearl. *J. Molluscan Stud.* 2011; **77**: 312-314.

Nagai K, Yano M, Morimoto K, Miyamoto H. Tyrosinase localization in mollusk shells. *Comp. Biochem. Physiol.* 2007; **B146**: 207-214.

Namduri H, Nasrazadani S. Quantitative analysis of iron oxides using Fourier transform infrared spectrophotometry. *Corros. Sci.* 2008; **50**: 2493-2497.

Okudera H, Yoshiasa A, Murai K, Okube M, Takeda T, Kikkawa S. Local structure of magnetite and maghemite and chemical shift in Fe K-edge XANES. *J. Mineral. Petrol. Sci.* 2012; **107**: 127-132.

沢田保夫 . 真珠の黄色色素の研究 . 国立真珠研究所報告 1961; **7**: 865-869.

沢田保夫 . 真珠の色調に関する研究 . 国立真珠研究所報告 1962; **8**: 913-919.

Sherman DM, Waite TD. Electronic spectra of Fe^{3+} oxides and oxide hydroxides in the near IR to near UV. *Am. Mineral.* 1985; **70**: 1262-1269.

Shi L, Liu X, Mao J, Han X. Study of coloration mechanism of cultured freshwater pearls from mollusk *Hyriopsis cumingii*. *J. Appl. Spectrosc.* 2014; **81**: 97-101.

Shinohara M, Kinoshita S, Tang E, Funabara D, Kakinuma M, Maeyama K, Nagai K, Awaji M, Watabe S, Asakawa S. Comparison of two pearl sacs formed in the same recipient oyster with different genetic background involved in yellow pigmentation in *Pinctada fucata*. *Mar. Biotechnol.* 2018; **20**: 594-602.

Snow MR, Pring A, Self P, Losic D, Shapter J. The origin of the color of pearls in iridescence from nano-composite structures of the nacre. *Am. Mineral.* 2004; **89**: 1353-1358.

Suzuki M, Murayama E, Inoue H, Ozaki N, Tohse H, Kogure T, Nagasawa H. Characterization of prismalin-14, a novel matrix protein from the prismatic layer of the Japanese pearl oyster (*Pinctada fucata*). *Biochem. J.* 2004; **382**: 205-213.

Suzuki M, Sakuda S, Nagasawa H. Identification of chitin in the prismatic layer of the shell and a chitin synthase gene from the Japanese pearl oyster, *Pinctada fucata*. *Biosci. Biotechnol. Biochem.* 2007; **71**: 1735-1744.

田中正三 , 波多野博行 . 真珠の化学 . 水産増殖 1957; **3**: 38-45.

和田浩爾 . 黄色真珠の生成に関する実験生物学的研究 . 国立真珠研究所報告 1969; **14**: 1765-1820.

Wada K. Pearls. *J. Gemmol. Soc. Jpn.* 1981; **8**: 151-154.

和田浩爾 . 貝の種族別真珠の分光特性 . 宝石学会誌 1983; **10**: 3-11.

和田浩爾 . 真珠形成と品質 . 宝石学会誌 1999; **20**: 47-62.

和田克彦 . アコヤガイ *Pinctada fucata* の改良に関する研究 . 養殖研究所研究報告 1984; **6**: 79-157.

和田克彦 . アコヤガイ貝殻真珠層色選抜系統で生産された真珠について . 養殖研究所研究報告 1985; **7**: 1-7.

和田克彦 . アコヤガイ貝殻真珠層色選抜集団における貝殻特性 . 養殖研究所研究報告 1986; **9**: 1-6.

Wada KT. Genetics of pearl oyster in relation to aquaculture. *Jpn. Agric. Res. Quart.* 1994; **28**: 276-282.

Wada KT, Komaru A. Color and weight of pearls produced by grafting the mantle tissue from a selected population for white shell color of the Japanese pearl oyster *Pinctada fucata martensii* (Dunker). *Aquaculture* 1996; **142**: 25-32.

Wang T, Porter D, Shao Z. The intrinsic ability of silk fibroin to direct the formation of diverse aragonite aggregates. *Adv. Funct. Mater.* 2012; **22**: 435-441.

Williams ST. Molluscan shell color. *Biol. Rev.* 2017; **92**: 1039-1058.

Wilt FH. Developmental biology meets materials science: morphogenesis of biomineralized structures. *Dev. Biol.* 2005; **280**: 15-25.

矢野　勲 . アコヤガイ貝殻および真珠の真珠層に形成された暗褐色異物中の色素 . 国立真珠研究所報告 1975; **19**: 2149-2151.

Zhang C, Zhang R. Matrix proteins in the outer shells of molluscs. *Mar. Biotechnol.* 2006; **8**: 572-586.

6章　真珠層の色調を決定する遺伝子

木下滋晴[1)]・篠原幹拓[1)]・浅川修一[1)]

6・1　生物の色

生物の色は色素による実体色と，微細構造に由来する光の反射や干渉による構造色に分けられる．例えば，サケの身の赤色はアスタキサンチンという色素による実体色で，玉虫の鮮やかな翅の色は翅の表面の微細構造でおきる光の反射による構造色である．

生物のもつ色には，様々な機能があることが知られる．色は紫外線などの有害な光を防いだり，周囲の環境の色に溶け込むことで餌生物や敵から身を隠したり，個体同士のコミュニケーションに用いられたりする．貝類の貝殻にも多種多様な色があり，種によって，あるいは同じ種内でも様々な色や模様の貝殻がみられる．貝類は色を識別できるほどの視力をもっていないとされるが，貝殻の色や模様の多様性は貝類の環境への適応的進化の結果と考えられている（Williams, 2017）.

6・2　真珠の色

真珠貝の作る真珠は貝殻が貝の体内で異所的に形成されたものといえる．したがって，貝殻の色が多様であるのと同様に真珠の色もまた多様であるが，真珠は宝飾品という点で，色はその品質を評価する重要な要素の1つとなっている．真珠の色は構造色と実体色からなる．真珠特有の光沢は構造色によるもので，真珠は炭酸カルシウムの結晶がレンガのように積層した真珠層からなっており，異なる層で反射した光の干渉が美しい真珠光沢を生み出す．一方，実体色は真珠層に取り込まれた色素に起因する色である．構造色と実体色が重なり実際の真珠の色となる．

1）　東京大学大学院農学生命科学研究科

6・3　アコヤガイの作る真珠に含まれる黄色色素

アコヤガイは質の高い真珠を作る真珠貝として広く養殖真珠の生産に用いられている．アコヤガイの真珠には，真珠に含まれる黄色色素の蓄積の多寡によって，黄色〜白色のバリエーションがあり，これは黄色度という指標で示される．適度な黄色度は美しい色合いを生み出し，多様な黄色度は個性的な色合いを生み出す．一般に貝類の実体色は遺伝形質である場合が多いが（Williams, 2017），アコヤガイの真珠の黄色度も遺伝的な影響が大きいとされ，実際に黄色系と白色系の真珠を作るアコヤガイの系統がそれぞれ維持されており，両者では貝殻の真珠層の黄色度が明確に異なる（図 6・1）．

真珠養殖では細胞貝（ピース貝）と呼ばれる貝から貝殻形成組織である外套膜の上皮片（ピース）を採取し，それを貝殻を球形に切り出した核とともに母貝と呼ばれる別の個体の体内に移植する．ピースの上皮細胞は母貝体内で増殖して核を覆う真珠袋を形成し，真珠袋内で核の周囲に真珠層が堆積していく．真珠袋は細胞貝の細胞から出来上がっているため，細胞貝のもつ遺伝的性質が真珠の品質に強く影響すると考えられる．実際，アコヤガイでも貝殻真珠層の黄色系と白色系を細胞貝として使った移植実験で、細胞貝の貝殻真珠層の色が真珠の色に反映されることが示されている（Wada and Komaru, 1996）．また，クロチョウガイとシロチョウガイの間で異種移植を行い，細胞貝と母貝のどちらの性質が真珠に影響するかを調べた例では，真珠の形状，光沢，色素の蓄積に細胞貝の性質が寄与することが示されている（McGinty *et al*., 2010, 2012）．ただし，真珠の質は細胞貝だけで決まるわけではなく，温度や餌など母貝を経由した様々な環境要因も真珠の質に影響を与え（Williams, 2017），真珠の成長度にはむしろ母貝の影響が大きいとされる（McDougall *et al*., 2016）．

6・4　アコヤガイ真珠の黄色色素蓄積に関わる遺伝子の探索

上述のように，アコヤガイにおける黄色色素の蓄積の多寡には遺伝的要因が大きいが，その遺伝子の正体はわかっていない．黄色色素の蓄積に関わる遺伝子を同定することができれば，その遺伝子の機能から，アコヤガイが貝殻や真珠に黄色色素を蓄積するメカニズムが明らかになる．また，その遺伝子を調べることで，あるアコヤガイが黄色色素を蓄積しやすいかどうかを簡単に判別することができるようになる．白色系や黄色系真珠を作るアコヤガイ系統の維持

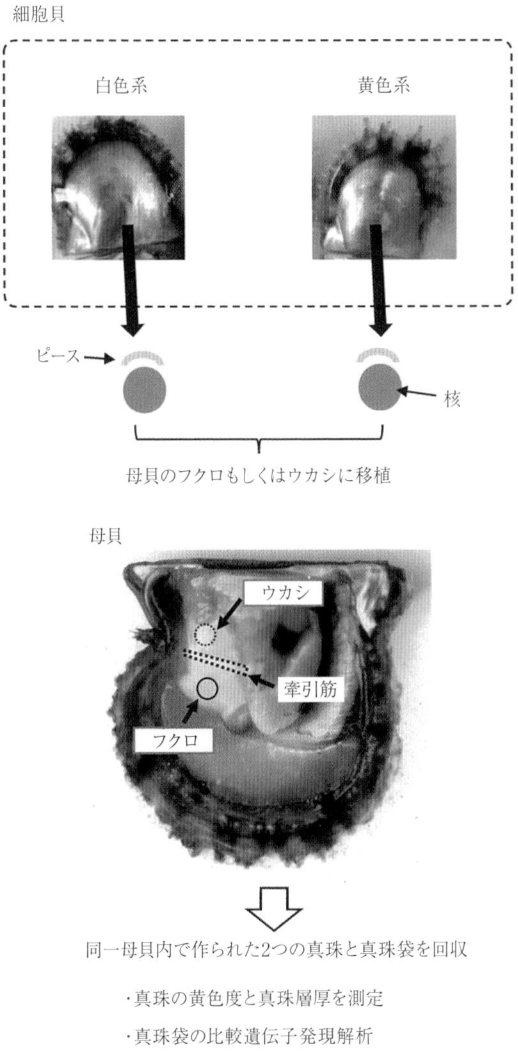

図6・1　黄色色調に関するアコヤガイの移植実験と遺伝子発現解析用試料の作成

貝殻真珠層白色系と黄色系それぞれからピースを採取し，同一母貝の異なる箇所（フクロもしくはウカシ）に移植した．（Shinohara *et al.*, 2018より一部改変）

の簡便化や，個性的な色の真珠を作る新しい系統の作出につながることも期待される．以下ではアコヤガイ真珠の黄色色素の蓄積に関わる遺伝子を特定することを目指して筆者らが行った研究（Shinohara *et al.*, 2018）を紹介する．

6・5　同じ母貝の中で黄色度が異なる真珠を作らせる

真珠の形成は，細胞貝と母貝，すなわち遺伝的要因と環境的要因の両方の影響を受ける．筆者らの研究では，色素蓄積に関わる遺伝子を探索することを目的としており，環境要因をできるだけ排除した解析試料を準備することが重要と考えた．そのための実験の組み立てが図 6・1 である．

アコヤガイを母貝として用いた場合，同じ個体の 2 カ所で真珠を作らせることができ，それぞれの場所を「ウカシ」および「フクロ」と呼ぶ．その 2 カ所に，貝殻真珠層の黄色度が異なるアコヤガイ系統のピースをそれぞれ挿核することで，同一母貝内，すなわち同じ環境下で異なる黄色度の真珠を作らせることを試みた．ミキモト真珠研究所で維持されている貝殻真珠層白色系および貝殻真珠層黄色系アコヤガイを細胞貝として用いた．それぞれの貝殻真珠層内側の黄色度は，白色系で 17.84，黄色系で 45.11 であった．白色系および黄色系から採取したピースそれぞれを核とともに同一の母貝に移植し，3 カ月後に真珠袋と真珠を回収した．ピースは，白色系から 100 個，黄色系から 100 個採取し，100 個体の母貝に挿核した．フクロとウカシという場所による影響を検討するため，フクロに白色系，ウカシに黄色系ピースを挿核する母貝を 50 個体，その逆にフクロに黄色系，ウカシに白色系ピースを挿核する母貝を 50 個体とした．挿核の 3 カ月後に真珠袋および真珠を回収した．片方もしくは両方の真珠袋が形成されていなかった母貝や真珠層が形成されていなかった母貝を除き，残る 43 個体の母貝についてみたところ，同じ母貝から得られたにも関わらず，2 個の真珠の色は明確に違っていた（図 6・2）．それぞれの真珠の黄色度を測定し，白色系由来真珠袋から得られた真珠と黄色系由来真珠袋から得られた真珠間で比較したところ，両グループ間の黄色度は有意に異なり，それぞれ細胞貝の貝殻真珠層の黄色度を反映して，白色系真珠袋の真珠は白く，黄色系真珠袋の真珠は黄色かった（図 6・3）．つまり，同じ母貝体内という同一環境下でも，細胞貝のもつ遺伝的な性質に依存して黄色色素の蓄積が決まることを改めて観察することができた．この実験ではフクロとウカシの 2 カ所に挿核したが，フクロ由来真珠とウカシ由来真珠で黄色度に有意差は検出されなかったことから，挿核場所による黄色度への影響はないと考えられた．

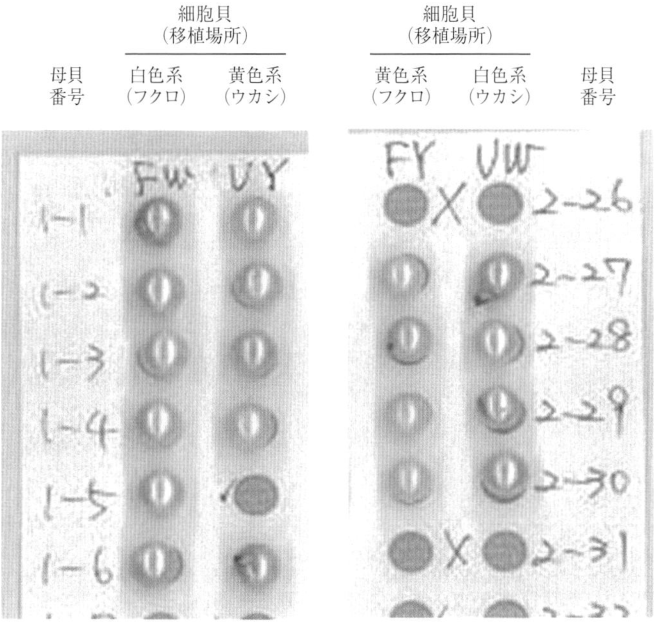

図6・2　同一母貝に移植した白色系真珠袋および黄色系真珠袋から得られた真珠

同じ母貝番号の真珠は同じ母貝から得られたものである．左側のパネルはフクロに白色系ウカシに黄色系を移植した母貝，右側のパネルはフクロに黄色系ウカシに白色系を移植した母貝である．一部欠けている部分は真珠が得られなかった試料である．(Shinohara *et al.*, 2018より一部改変)

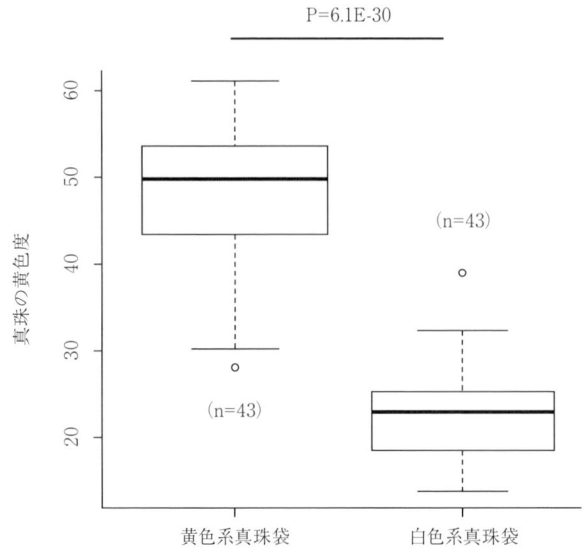

図6・3　白色系真珠袋および黄色系真珠袋から得られた真珠の黄色度
P値は白色系と黄色系での発現量の違いが偶然である確率を示す．（Shinohara *et al.*, 2018より一部改変）

6・6　真珠層厚への細胞貝の影響

本実験では得られた真珠の真珠層の厚さも測定した．ここでは1個の真珠につき3カ所で測定を行い，その平均値として真珠層厚を算出した．43個体の母貝から得られた86個の真珠の平均真珠層厚は295 μmだったが，興味深いことに，黄色系由来と白色系由来の真珠間で比較したところ，白色系由来の真珠の方で真珠層が厚く形成されていた（図6・4）．

真珠層の厚さ，いわゆる「巻き」も真珠の品質の重要な要素である．真珠層の厚さは母貝の影響が大きいとされているが，本実験の結果は，細胞貝の性質も真珠層の成長に影響することを示している．ここで注意したいのは，この結果は真珠の色と真珠層厚に相関があることを必ずしも意味しないということである．色素蓄積と真珠層の成長とは互いに独立した特性で，今回実験に用いた2つの系統が白色系の方が成長がよいものであった（あるいは黄色系の方が成長が悪いものであった）ため，その性質が色とともに真珠に反映されたのかも

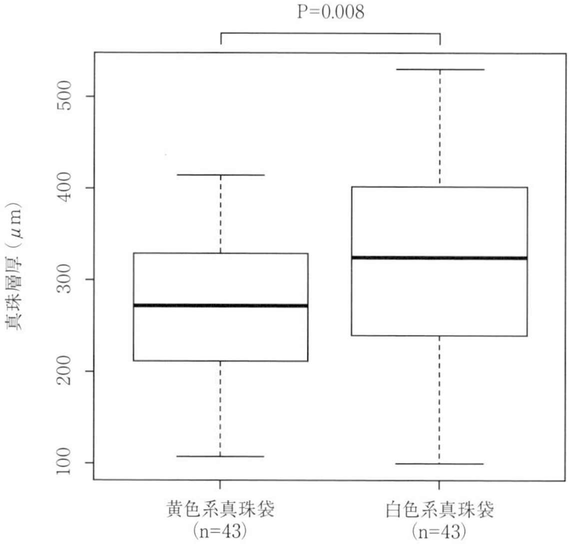

図6・4　白色系真珠袋および黄色系真珠袋から得られた真珠の真珠層厚
（Shinohara *et al.*, 2018より一部改変）

しれない．ただし，ムラサキイガイで貝殻の色と成長度との関係を調べた研究では，複数の集団で共通して，ある貝殻色をもつものは 10 ～ 20％成長が悪かったということが報告されているが（Newkirk, 1980），遺伝子などは同定されておらず，成長と色が直接的あるいは間接的に相関しているのか，あるいは独立した特性なのかは不明である．

いずれにせよ，巻きのよい真珠を作るには，よい母貝を使うだけでなく，成長のよい細胞貝を使うことも一定の効果があると考えられる．ちなみに，ウカシとフクロ由来の真珠間で真珠層の厚さに有意差はなく，母貝の挿核場所による真珠層厚への影響は認められなかった．

6・7　遺伝子発現解析

1つの生物は数万個の遺伝子をもっている．遺伝子には遺伝情報が書き込まれており，それら遺伝子うち，どの遺伝子を，いつ，どこで，どれだけ使うか（これを遺伝子の発現調節という）によって，生物の形態や機能が規定される．そうした遺伝子の使われ方を調べる解析が，遺伝子発現解析である．近年，次世代シーケンサと呼ばれる装置が開発され，多量の遺伝子の発現情報を安価かつ高速で調べることが可能になっている．2012 年の 2 月にアコヤガイのもつ全遺伝子情報の概要が発表されており（Takeuchi *et al*., 2012），その前後から次世代シーケンサを活用した全遺伝子レベルでの発現解析も盛んに行われるようになっている（McGinty *et al*., 2010；Kinoshita *et al*., 2011；Zhao *et al*., 2012；Mariom *et al*., 2019）．

黄色色素の蓄積の多寡はピース貝の遺伝的性質で決まる．したがって白色の真珠を作った真珠袋と黄色の真珠を作った真珠袋で，遺伝子の発現を比較し，両者で使われ方が異なっている遺伝子があれば，その遺伝子は黄色色素の蓄積に関係している可能性がある．ただし，遺伝子の発現は様々な内的外的要因で変化するため，ある 1 つの特性（この場合黄色色素の蓄積）の違いに関わる遺伝子を見つけ出すのは難しい場合も多い．筆者らがおこなった移植実験では，白色系由来と黄色系由来ピースを同じ母貝に移植することで，同一母貝内で異なる黄色度の真珠を作った真珠袋を得ることができた．これらの真珠袋は同じ母貝内という環境下にあるため，環境要因による影響を排除することができる．筆者らの得た真珠袋を解析することで，より効率的かつ高い精度で真珠の色に寄与する遺伝子を探し出すことができると期待される．

真珠の黄色度の測定結果から，同一母貝内で形成されたもののうち，黄色度の差がより明確なものを解析試料として選んだ．また，真珠の表面に傷やシミが少なく真珠層がきれいに形成されているものを選んだ結果，6 個体の母貝から得られた 12 組の真珠袋が試料として採用された．遺伝子は DNA で構成されているが，遺伝子が使われる際にはその遺伝子の DNA から RNA が作られるため，RNA を調べることで遺伝子の発現情報を得ることができる．そこで真珠袋から RNA を抽出し，次世代シーケンサを使った遺伝子発現解析をおこなった．その結果，約 10 万種類の遺伝子から発現した RNA を検出し，各真珠袋におけるそれら遺伝子の発現量を算出することができた．全遺伝子の発現量を基に，主成分分析を行った結果が図 6・5 である．図中の各点はそれぞれ真珠袋であり，近くにあるもの同士は遺伝子の発現のパターンが似ていることを示す．図 6・5 A では黄色系真珠袋と白色系真珠袋をそれぞれ表示したが、図に示されているように，作った真珠の色の真珠袋が近くに位置するということはなかった．このことは，色の違いに関わる遺伝子の発現は，全体の遺伝子発現パターンに影響するほどではない，つまり，黄色色素の蓄積に関連して発

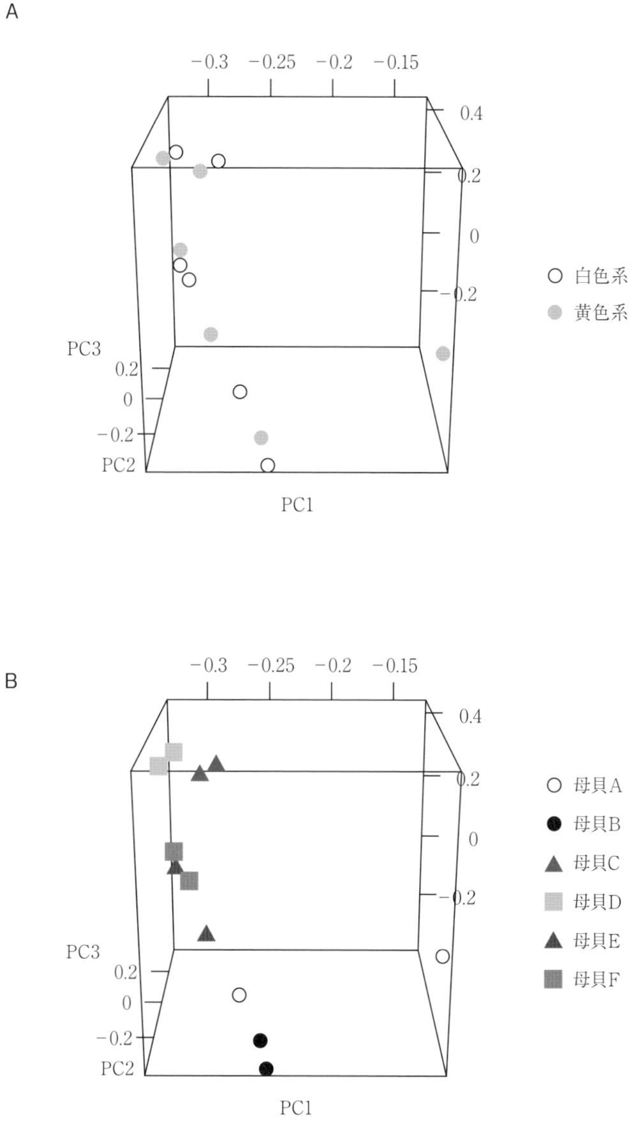

図6・5　全遺伝子の発現パターンを基にした真珠袋の主成分分析
A：白色系真珠袋と黄色系真珠袋を表示．B：同じ母貝から得られた真珠袋を表示．（Shinohara *et al*., 2018より一部改変）

現が変化した遺伝子の数やその変化の程度はわずかであることを示す．一方，図6・5Bでは同一母貝から得られた真珠袋を示したが，同一の母貝から得られた2つの真珠袋はそれぞれ近くに配置し，遺伝子の発現パターンが互いによく類似していることが示された．このことは，真珠袋において，黄色色素の蓄積に関わる遺伝子を除くその他の多くの遺伝子の発現は母貝の影響を受けることを示す．

実際に，白色系および黄色系由来真珠袋間で発現量が異なる遺伝子はわずかであり，10万近く検出された遺伝子のうち，わずか7つがそうした遺伝子として検出された（表6・1）．表中には白色系真珠袋に対する黄色系真珠袋での発現量比を示しているが，7つのうち2つは白色系で発現量が高く，5つは黄色系で発現量が高い．また，3つは全く未知の遺伝子であり，現時点で色素蓄積における機能は不明である．残りはproline-rich matrix protein，N16，MRNP，およびN24で，いずれも既に知られている貝殻基質タンパク質（貝殻に含まれるタンパク質）を作る遺伝子であった．以下でこれら既知の遺伝子と色素蓄積について考察したい．

表6・1　白色系真珠袋と黄色系真珠袋で発現量が異なっていた遺伝子

遺伝子名	白色系に対する黄色系での発現量比	P値
未知遺伝子A	0.02117	2.24E-07
Proline-rich matrix protein	0.008919	3.73E-06
N16	114.9	4.82E-06
MRNP	1012	1.57E-05
N24	23.32	2.68E-05
未知遺伝子B	78.25	2.86E-05
未知遺伝子C	9.202/0	4.27E-05

P値は白色系と黄色系での発現量の違いが偶然である確率を示す．

6・8　黄色色素の蓄積に関わる遺伝子

MRNPは発現量が白色系真珠袋で低く，黄色系真珠袋の1/1000程度となっている（表6・1）．MRNPはMethionine Rich Nacre Proteinの頭文字であり，その名の通りメチオニンがたくさん含まれたタンパク質を作る遺伝子である．MRNPはもともとクロチョウガイとシロチョウガイからみつかった遺伝子で（Marie *et al*., 2012），貝殻形成組織である外套膜で発現し，そのタンパク質は貝殻真珠層に含まれることが確かめられているが，具体的な機能はわかっていない．興味深いことに，貝殻に色素を蓄積しないアルビノのクロチョウガイにおいては，外套膜でのMRNPの発現が減少していることが報告されている（Lemer *et al*., 2015）．本研究でもMRNPの発現は白色系真珠袋で少なくなっており，MRNPの発現が低下することと色素蓄積が少なくなることは相関する可能性がある．MRNP遺伝子の働きを阻害すると黄色色素の蓄積が減少するかなど，今後さらに検証が必要であるが，MRNPは色素蓄積に関与する候補遺伝子として興味深い．

Proline-rich matrix protein，N16，およびN24も貝殻や真珠層に含まれるタンパク質を作る遺伝子である．これらについて色素蓄積との関連がこれまで報告されたことはない．筆者らの解析で用いた試料については，真珠層の厚さも黄色系と白色系で違っており（図6・4），これら遺伝子は色素の蓄積ではなく，真珠層の成長に関係しているのかもしれない．

黄色色素の実体としては鉄原子を含む有機物が候補として挙げられている（Kakinuma, *et al*., 2020）．われわれの解析で得たデータ中には，フェリチンなど鉄結合性タンパク質を作る遺伝子も含まれていたが，その発現量に黄色系真珠袋と白色系真珠袋間で差は確認できなかった．

アコヤガイの貝殻真珠層の黄色度は個体によって多様である．色素の生成，蓄積，分泌など様々な段階で複数の遺伝子が働いていることが予想され，また餌などの環境要因も影響することが知られる（Williams, 2017）．本実験で得られた幾つかの遺伝子は色素蓄積に関わる候補と考えるが，色素蓄積メカニズムの理解には，今後環境要因なども加味した検討が必要であろう．また，遺伝的に性質が異なるということは，結局のところ遺伝子を作っているDNAが異なるということである．貝殻真珠層白色系と黄色系についても何らかのDNAの違いがMRNPなどの遺伝子の発現の違いにつながっていると考えられる．一般に，RNA よりも DNA の方が解析が容易であり，色素蓄積に関わる DNA の違いを検出できれば，より養殖現場などへの応用技術としての展開も容易になると期待される．次項では，アコヤガイの色素蓄積の違いに関わる DNA の違いを探索する筆者らの取り組みについて紹介する．

6・9　白色貝

アコヤガイでは貝殻が白色の個体（以下白色貝）が自然発生突然変異体として知られる．白色貝は色素を貝殻にもたず，稚貝の時は貝殻から貝肉が透けて見える．一方，外套膜には正常に色素を蓄積しているため，白色貝は，色素を体内に作るあるいは取り込むことはできるが，その色素を貝殻に分泌できない，もしくは分泌しても貝殻に色素を蓄積できないと考えられる．白色貝の性質はメンデル遺伝し，白色貝と通常の貝を掛け合わせて生まれた子供（F1）は全て正常であるが，F1 同士を掛け合わせた子供（F2）はおよそ 1/4 の確立で白色貝になる．こうした遺伝様式から，白色貝は 1 つの遺伝子が変異した（つまり DNA が変化した）劣勢突然変異体と考えられる．

白色貝の原因となっている遺伝子は貝殻や真珠への色素蓄積に関与することが明らかであり，真珠への色素蓄積のメカニズムを理解する上で，白色貝は重要な解析対象といえる．そこでわれわれは，この白色貝について原因遺伝子の探索を進めている．

6・10　白色貝の原因遺伝子探索の試み

筆者らが解析対象としたのは F2 である．F2 は，まず白色貝と通常の個体を掛け合わせて F1 を得，F1 同士をさらに掛け合わせて得られた個体である．F1 は白色貝由来の染色体と通常個体由来の染色体をもち，白色貝由来の染色体には変異した遺伝子が含まれている．F1 を成熟させて精子や卵子を作らせると，その中では減数分裂の際の相同組換えによって，白色貝由来の染色体と通常個体由来の染色体が混合されることになる．この F1 の精子と卵子で次世代の F2 を作ると，F2 は白色貝由来のみと通常個体由来のみ，それと両者が混合した染色体をもつことになるが，F2 のうち，およそ 1/4 の確率で生まれる白色貝型は必ず変異した遺伝子をもっている．そこで，たくさんの白色貝型 F2 個体の染色体を調べて，白色貝由来の染色体になっている領域を探すと，そこには原因遺伝子が含まれると考えられる．こうした原理を基に，原因遺伝子を探索することとした．

ある染色体領域が白色貝由来か通常個体由来かを調べるために用いたのが，一塩基多型である．遺伝子を作っているDNAは4種類の塩基から成っているが，同じ種でも，その塩基の構成はわずかに異なっており，その違いによって個体を識別することも可能である．一塩基多型もそうした塩基の構成の違いを示すもので，筆者らの研究では，一塩基多型を用いて白色貝由来の染色体と通常個体由来の染色体を判別した．ミキモト真珠研究所で作成されたF2群から白色貝型の200個体と通常型40個体を回収し，外套膜から抽出したDNAからRestriction Site Associated DNA sequence（RAD-seq）をおこなった．RAD-seqという手法は，染色体全体を調べるのではなく，長い染色体の一部を適当な間隔で調べていく手法である．原因遺伝子を特定するのではなく，原因遺伝子を含むであろう周辺の染色体領域を絞り込むという手法になるが，たくさんの個体の染色体を調べる際には，時間とコストを節約することができる．RAD-seqで得られたデータとアコヤガイゲノム情報を組み合わせ，一塩基多型を使って白色貝型F2の個体で必ず白色貝由来の染色体となる領域を抽出した結果，DNAの大きさを表す単位である「塩基対」で，56,000塩基対程度の領域に絞り込むことができた．さらに，F2の白色貝型と通常型それぞれ1個体について全染色体の解析をおこないこの領域について詳しく調べたところ，この領域に含まれる幾つかの遺伝子のうち，少なくとも5つに変異が起きており，そのうちの1つは，遺伝子の機能がほとんど失われていると考えられた．こうした遺伝子の変異によって，白色貝では色素を貝殻に分泌あるいは蓄積できなくなっているのかもしれない．この遺伝子については，有力な原因遺伝子候補として現在検証実験を進めている．

6・11　世界的におこなわれている真珠や貝殻の色を決める遺伝子を探す試み

真珠や貝殻の色に関連する遺伝子については，様々な研究グループが解析をおこなっている．筆者らと同じような比較遺伝子発現解析では，上述のクロチョウガイのアルビノと通常貝の比較解析のほか（Lemer *et al.*, 2015），ヒレイケチョウガイで貝殻真珠層白色系と紫系の2グループ間で比較遺伝子発現解析がおこなわれている（Chen *et al.*, 2019）．そこでは小分子RNAと呼ばれるRNAの発現が異なっていたことが報告されているが，この小分子RNAはカロテノイドなどの色素の運搬に関わる遺伝子の発現に関係する可能性が指摘されている．また，ヒレイケチョウガイの貝殻真珠層白色系と紫系では，黒色素の合成に関わるチロシナーゼ遺伝子の発現が異なることも報告されている（Chen *et al.*, 2017）．そのほか，真珠層ではないが，稜柱層における色素蓄積について，アコヤガイの稜柱層の黒色系と黄色系との比較遺伝子発現解析がおこなわれ，黄色系ではカロテノイド含量が多く，光受容とメラニン合成関連遺伝子の発現が亢進していたほか，カルシウムシグナルや貝殻形成関連遺伝子といった貝殻の成長に関わる遺伝子の発現が亢進していたことが報告されている（Xu *et al.*, 2019）．実際に彼らが調べた稜柱層黒色系と黄色系では，黄色系の方が成長がよく，少なくとも稜柱層の色とアコヤガイの成長には関連があるのかもしれない．

また，陸生の貝でRAD-seqによる貝殻の色と関連する遺伝子の探索が行われている（Richards *et al.*, 2013）．43個のDNA配列が貝殻の色や模様に関連するとして示唆されているが，具体的な遺伝子の特定には至っていない．

6・12　真珠の色調を決定する遺伝子の解明に向けて

真珠や貝殻の実体色を決める遺伝子の探索は，多数の候補遺伝子が提示されているものの，明確に機能が証明されたものは少なく，全体像の理解には程遠いのが現状である．一方，筆者らの取り組みを含め，近年急速かつ多量に遺伝子の情報が蓄積されつつあり，今後個々の遺伝子の機能が明らかにされるにつれて，なぜ，どのようにして真珠に色素が蓄積されるのかについての詳細なメカニズムが明らかになるものと期待する．また，真珠の色を決めるのは実体色だけではない．美しい真珠光沢は光の干渉による構造色にもよるもので，これには真珠層の微細構造が重要な役割を果たしている．こうした微細構造の形成にも数多くの遺伝子が関与しており，そうした遺伝子群の働きと真珠の色との関連についても興味がもたれる．

アコヤガイ真珠の品質の維持および向上は海外産の真珠との差別化を図るうえで重要な課題であり，真珠の品質を決める要素の1つである色を決める遺伝子の同定は，産業上資するところが大きい．また，環境や生態に応じた多様な貝殻の色や模様が形成されるメカニズムの理解は，生態学，進化学，バイオミネラリゼーションなど，基礎生物学的な知見としての意義も大きい．今後の研究の進展が期待される．

謝　辞

本章で紹介した筆者らの研究は，東京大学と北里大学，三重大学，御木本製薬（株），（株）ミキモト 真珠研究所，沖縄科学技術大学院大学，および国立研究開発法人水産研究・教育機構増養殖研究所との共同研究としておこなわれたものであり，試料の提供，データ取得，データ解析などでご協力いただいた．厚く御礼申し上げる．

文　献

Chen X, Liu X, Bai Z, Zhao L, Li J. HcTyr and HcTyp-1 of Hyriopsis cumingii, novel tyrosinase and tyrosinase-related protein genes involved in nacre color formation. *Comp. Biochem. Physiol. B* 2016; **204**: 1-8.

Chen X, Bai Z, Li J. The mantle exosome and microRNAs of *Hyriopsis cumingii* involved in nacre color formation. *Mar. Biotechnol.* 2019; **21**: 634-642.

Kakinuma M, Yasumoto K, Suzuki M, Kasugai C, Koide M, Mitani K, Shidoji K, Kinoshita S, Hattori F, Maeyama K, Awaji M, Nagai K, Watabe S. Trivalent iron is responsible for the yellow color development in the nacre of Akoya pearl oyster shells. *Mar. Biotechnol.* 2020; **22**: 19-30.

Kinoshita S, Wang N, Inoue H, Maeyama K, Okamoto K, Nagai K, Kondo H, Hirono I, Asakawa S, Watabe S. Deep sequencing of ESTs from nacreous and prismatic layer producing tissues and a screen for novel shell formation-related genes in the pearl oyster. *PloS ONE* 2011; **6**: e21238.

Lemer S, Saulnier D, Gueguen Y, Planes S. Identification of genes associated with shell color in the black-lipped pearl oyster, *Pinctada margaritifera*. *BMC Genomics* 2015; **16**: 568.

Marie B, Joubert C, Belliard C, Tayale A, Zanella-Cléon I, Marin F, Gueguen Y, Montagnani C. Characterization of MRNP34, a novel methionine-rich nacre protein from the pearl oysters. *Amino Acids* 2012; **42**: 2009-2017.

Mariom, Take S, Igarashi Y, Yoshitake K, Asakawa S, Maeyama K, Nagai K, Watabe S, Kinoshita S. Gene expression profiles at different stages for formation of pearl sac and pearl in the pearl oyster *Pinctada fucata*. *BMC Genomics* 2019; **20**: 240.

McDougall C, Moase P, Degnan BM. Host and donor influence on pearls produced by the silver-lip pearl oyster, *Pinctada maxima*. *Aquaculture* 2016; **450**: 313-320.

McGinty EL, Evans BS, Taylor JUU, Jerry DR. Xenografts and pearl production in two pearl oyster species, *P. maxima* and *P. margaritifera*: effect on pearl quality and a key to understanding genetic contribution. *Aquaculture* 2010; **302**: 175-181.

McGinty EL, Zenger KR, Jones DB, Jerry DR. Transcriptome analysis of biomineralisation-related genes within the pearl sac: host and donor oyster contribution. *Mar. Genomics* 2012; **5**: 27-33.

Newkirk GF. Genetics of shell color in *Mytilus edulis* L. and the association of growth rate with shell color. *J. Exp. Mar. Biol. Ecol.* 1980; **47**: 89-94.

Richards PM, Liu MM, Lowe N, Davey JW, Blaxter ML, Davison A. RAD-Seq derived markers flank the shell colour and banding loci of the *Cepaea nemoralis* supergene. *Mol. Ecol.* 2013; **22**: 3077-3089.

Shinohara M, Kinoshita S, Tang E, Funabara D, Kakinuma M, Maeyama K, Nagai K, Awaji M, Watabe S, Asakawa S. Comparison of two pearl sacs formed in the same recipient oyster with different genetic background involved in yellow pigmentation in *Pinctada fucata*. *Mar. Biotechnol.* 2018; **20**: 594-602.

Takeuchi T, Kawashima T, Koyanagi R, Gyoja F, Tanaka M, Ikuta T, Shoguchi E, Fujiwara M, Shinzato C, Hisata K, Fujie M, Usami T, Nagai K, Maeyama K, Okamoto K, Aoki H, Ishikawa T, Masaoka T, Fujiwara A, Endo

K, Endo H, Nagasawa H, Kinoshita S, Asakawa S, Watabe S, Satoh N. Draft genome of the pearl oyster *Pinctada fucata*: a platform for understanding bivalve biology. *DNA Res*. 2012; **19**: 117-130.

Wada KT, Komaru A. Color and weight of pearls produced by grafting the mantle tissue from a selected population for white shell color of the Japanese pearl oyster *Pinctada fucata martensii* (Dunker). *Aquaculture* 1996; **142**: 25-32.

Williams ST. Molluscan shell colour. *Biol. Rev*. 2017; **92**: 1039-1058.

Xu M, Huang J, Shi Y, Zhang H, He M. Comparative transcriptomic and proteomic analysis of yellow shell and black shell pearl oysters, *Pinctada fucata martensii*. *BMC Genomics* 2019; **20**: 469.

Zhao X, Wang Q, Jiao Y, Huang R, Deng Y, Wang H, Du X. Identification of genes potentially related to biomineralization and immunity by transcriptome analysis of pearl sac in pearl oyster *Pinctada martensii*. *Mar. Biotechnol*. 2012; **14**: 730-739.

7章　真珠層形成の機能タンパク質

鈴木道生[1)]

真珠は貝殻に真珠層と呼ばれる虹色の光を発する構造をもつ貝類により作られる宝石である．真珠が虹色に見えるのは，厚さが 300 ～ 400 nm 程度の扁平状の炭酸カルシウムが有機薄膜に挟まれた積層構造を有するため，このような構造に光が入射すると反射した光のうち特定の色（波長）の光が強く，または弱くなるために，私達の眼には様々な色をもった虹色に見えるのである（図 7・1）．日本で真珠養殖に使われるアコヤガイは，この層の間隔の均一性などが非常によく保たれていることから非常に美しい干渉色を作るため，品質が高いと一般的に認められている．

このような真珠の特殊な構造は 100 年以上前から光学顕微鏡を用いた観察により既に知られていたが，なぜ炭酸カルシウムが扁平状の形になるのか，有機薄膜の正体は何か，などメカニズムに関することは全くわかっていなかった．特に，炭酸カルシウムを覆う厚さが数 nm 程度の非常に薄い有機薄膜がどのような有機物成分から成り，どのような機能を有しているのか，近年の研究により明らかになったことを本章にて紹介する．

7・1　真珠の有機物研究の歴史

1950 年代には，真珠層の扁平状の炭酸カルシウムの間に有機膜が存在することが電子顕微鏡による観察から明らかになってきた．炭酸カルシウムには複数の結晶多形があることが知られており，常温常圧で最安定なカルサイト，常温常圧で準安定なアラゴナイト，そして不安定なファーテライトがある．真珠層の炭酸カルシウムはアラゴナイトであることから，準安定なアラゴナイトを作り分ける何らかの作用が貝類にはあると考えられてきた．また，アラゴナイト結晶は *c* 軸が放射状に延びていく性質があるが，真珠層では貝殻の表面に対し垂直に *c* 軸が揃っていることから何らかの制御機構が働いていると推察され

1)　東京大学大学院農学生命科学研究科

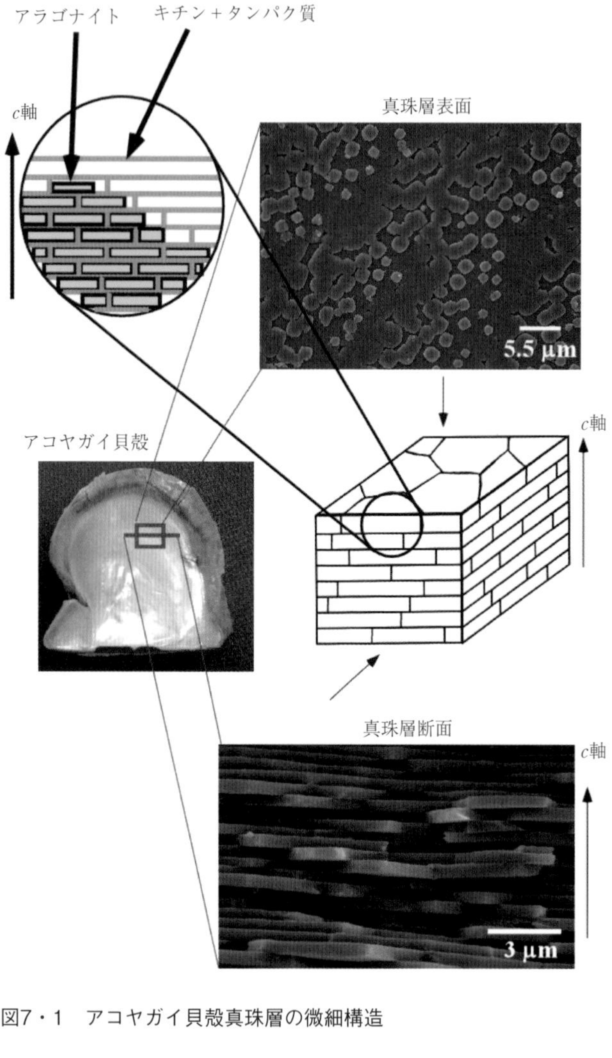

図7・1　アコヤガイ貝殻真珠層の微細構造

る．渡部哲光の著書には当時の真珠研究に関する以下のような手記が残されている．

> 「貝類がどのようにして炭酸カルシュウム鉱物を作るのか，そして炭酸カルシュウムが霰石（アラゴナイト），方解石（カルサイト），或いはヴァータライトとして晶出するのはどうゆう仕組みによるのかの研究である．私はコンキオリン，即ち貝殻の有機基質がこれらに重要な役を果していると考えていたので，この問題に取り組んだら如何と教授に提案した」（渡部哲光著『アメリカ大学研究生活46年』より）

この後，当時の渡部の受け入れ先のボスであるWilbur教授には一度は有機物の重要性を否定されたのであるが，他の教授との議論の中で真珠層形成に関する有機物の重要性を言われた時は一転，有機物は重要だと認めるようになり，有機物の解析を進めてよいということになったのだが，自分が提案すると認められず，他の人が言うと認めるのかと気分を害したという内容が続いている．1950年代には有機物が鉱物の結晶形成に影響を与えるという概念そのものがなかったことを示すエピソードとして大変興味深い．その後，渡部の研究により，貝類の真珠層の抽出液がアラゴナイト結晶の形成を誘導したという結果が論文にて報告され，以降に真珠層内の有機物に注目が集まった（Watabe and Wilbur, 1960）．

その後，有機薄膜の成分は，主に不溶性の多糖であるキチンとタンパク質で構成されるということが次第に知られるようになってきた．しかしながら，1960～70年代以前には，分子生物学的手法が発達していなかったため，タンパク質の構造を明らかにすることができなかった．そこで，真珠層やその他の様々な生体鉱物内の有機物に対してアミノ酸の組成分析がおこなわれた．多くの研究で，生体鉱物（特に無脊椎動物では）にはアスパラギン酸を多く含むタンパク質が主要な成分であることが明らかになってきた．イスラエルのワイツマン科学研究所のAddadiとWeinerのグループは，アスパラギン酸を多く含むタンパク質がβシート状に配置すると，アスパラギン酸のカルボキシ基の距離とアラゴナイト結晶の｛001｝面のカルシウム原子の距離が一致することを見出した（Addadi and Weiner, 1985）．そこで，このようなアスパラギン酸を多く含むタンパク質がアラゴナイト結晶の誘導に働いているのではないかとの仮説を提唱した.

1990年代から分子生物学の急速な進歩により遺伝子の塩基配列を決定できるようになり，塩基配列からタンパク質の全アミノ酸配列を決定できるようになった．そのような中，真珠層のタンパク質についても解析がおこなわれるようになっていった．最初はアコヤガイ *Pinctada fucata* の真珠層の主要な成分として MSI60，nacrein，N16（pearlin）の全配列が明らかになった．MSI60 は真珠層を脱灰した後に残る有機薄膜の不溶性成分で，骨格を作るような働きがあると考えられている（Sudo *et al*., 1997）．nacrein は，炭酸脱水酵素活性をもつ可溶性のタンパク質で，石灰化の場に炭酸イオンを供給する役割があると考えられている（Miyamoto *et al*., 1996）．また nacrein は炭酸カルシウムとも相互作用する部位を有しており，炭酸カルシウムに何らかの作用をもつことが示唆されている（Miyamoto *et al*., 2005）．また，N16（pearlin）は真珠層の不溶性成分の主成分であり，複数の遺伝子がゲノム上にコードされており，数アミノ酸だけが異なる似たタンパク質が複数含まれることが知られている（Samata *et al*., 1999；Miyashita *et al*., 2000）．N16（pearlin）については，はっきりした役割はわかっていないが，様々な *in vitro* の実験からアラゴナイト結晶の形成に関与すると考えられている．このように主要なタンパク質の構造が明らかになる一方で，当初に予測されていたアスパラギン酸を多く含むようなタンパク質というものは見出されていなかった．

7・2　真珠層特異的基質タンパク質 Pif

これまでの研究では主要タンパク質の構造を明らかにする研究が主であったが，筆者らは真珠層のアラゴナイト結晶の形成に関与するタンパク質はアラゴナイト結晶に特異的に相互作用すると考え，カルサイト結晶には結合せず，アラゴナイト結晶に特異的に結合するタンパク質の探索をおこなった．その結果，SDS-PAGE 上で分子質量約 80 kDa のタンパク質がアラゴナイト結晶に特異的に結合することを見出した．このタンパク質の配列を解析したところ，アスパラギン酸を 28% 以上も含むことが判明した．さらに塩基性のアミノ酸であるリシンとアルギニンもそれぞれ 18%，10% と非常に多く含まれ，解離性のアミノ酸が合計で 50% 以上もある特殊なタンパク質であった．このタンパク質は BLAST 検索の結果，既知のタンパク質と有意な相同性は有していないため，新規のタンパク質と考え Pif 80 と新たに命名した．また，このタンパク質の

cDNAのクローニングをおこなったところ，5'上流に別のタンパク質がコードされていることがわかった．このタンパク質はSDS-PAGE上で97 kDa付近に位置することから，Pif 97と命名した．Pif 97とPif 80の間にはdibasic siteと呼ばれるプロテアーゼによる切断部位が存在し，この切断により2つのタンパク質になると考えられた（図7・2）．

これらのタンパク質が実際に真珠層内にあるのか抗体を作製し，免疫電子顕微鏡法により局在を調べた．その結果，稜柱層にはなく，真珠層に主に存在するタンパク質であることがわかった（図7・3 A）．さらに真珠層と稜柱層の境目には有機膜が存在しているが，Pifはその有機膜の真珠層側に主に局在することも明らかになった（図7・3 B）．

そこで，Pifの真珠層に対する生理的な役割を生体内で明らかにするため，二本鎖のRNAを注射することで特異的なmRNAを分解することができるRNAiの手法を用いてPifのノックダウン実験をおこなった．真珠層の表面を走査型電子顕微鏡（SEM）で観察すると，一つ一つのタブレットが次第に成長し，お互いが融合することで1つの層を作っている様子が明瞭に認識できる

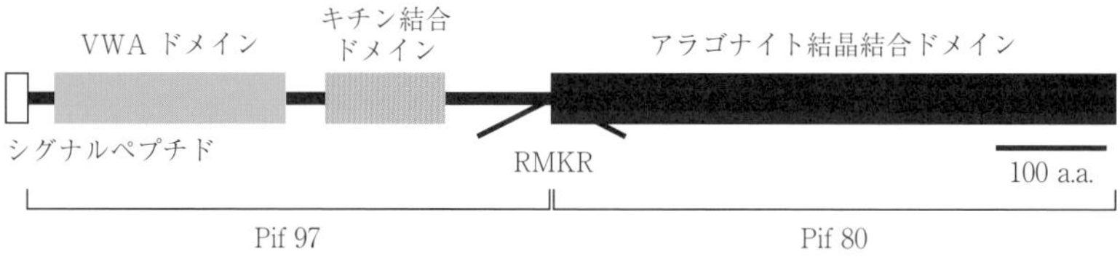

図7・2　Pifの配列模式図

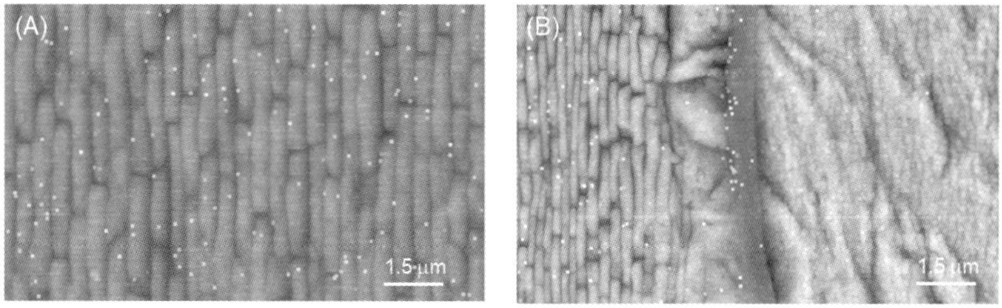

図7・3　アコヤガイ真珠層の免疫電子顕微鏡像
（A）：真珠層内部，（B）：真珠層と稜柱層の境目の有機膜付近の拡大図．白点が金ナノ粒子を示している．

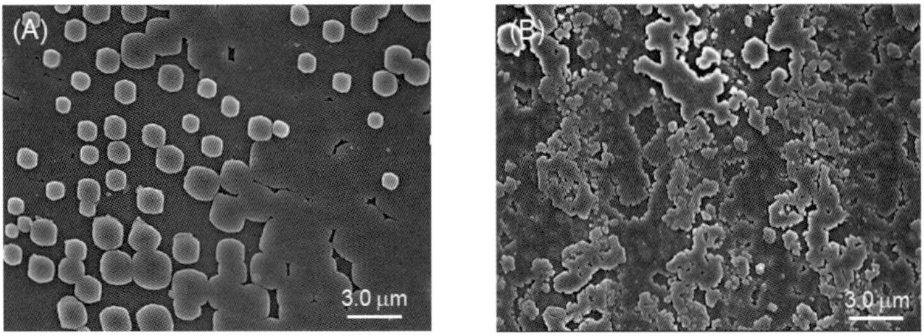

図7・4　アコヤガイ真珠層の免疫電子顕微鏡像
(A)：通常の個体の真珠層，(B)：Pifをノックダウンした個体の真珠層．

(図7・4 A)．Pifのノックダウンを行った個体においてはタブレットの構造が乱れて正常には層が形成されていない様子が観察された（図7・4 B）．

そこで，層の構造の乱れが成長に及ぼす影響を確認するため，ストロンチウム（Sr）によるマーキングを行うこととした．Srはカルシウム（Ca）よりも重い原子であることから，SEMの反射電子検出器による観察ではコントラストが明るくなる．それを利用して，二本鎖のRNAの注射後に24時間，高濃度のSrを含む海水にアコヤガイを浸し，貝殻内にSrを取り込ませ，その後に通常の海水で1週間飼育した．注射後に貝殻が成長し，層の数が増えていればSrのマーカーは内部に観察され，成長が止まっていれば表面に観察されると考えられる．通常の個体においてはSrのマーカーが内部に観察され，1週間での成長の様子が観察された（図7・5 A）．一方で，Pifをノックダウンした個体においては，真珠層にできた異常なタブレットの付近にSrのマーカーが現れたことから，タブレットが乱れたことにより層の成長そのものが停止している可能性が示された（図7・5 B）．

このことから，Pifは真珠層の扁平状のアラゴナイト結晶を覆う有機薄膜の形成に重要な役割をもつことが示唆された．さらに，真珠層の抽出液からクロマトグラフィーを用いてPifを含むタンパク質の精製を試みた．PifはPif 97とPif 80，さらにN16（pearlin）とも常に強固な複合体を形成していることが示された．このPifタンパク質を含む画分を，キチンを薄膜化させたガラス基板に塗布し，炭酸カルシウム過飽和液に基板を静置することで炭酸カルシウムの合成をおこなった．その結果，Pifを含む画分を添加したキチン薄膜の内部で

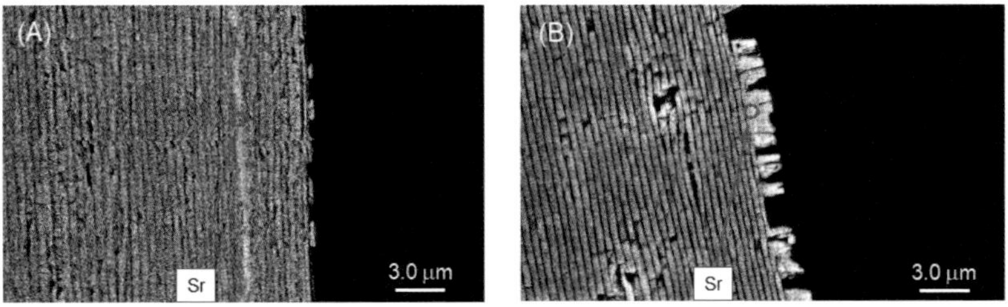

図7・5　アコヤガイ真珠層の断面疫電子顕微鏡像
(A)：通常の個体の真珠層，(B)：Pifをノックダウンした個体の真珠層．

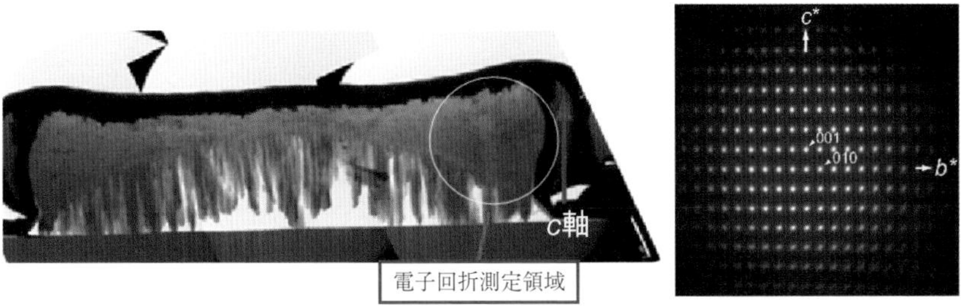

**図7・6　Pifを含む画分をキチン薄膜上に添加し，炭酸カルシウムを合成
収束イオンビームで断面を作製したサンプルの透過型電子顕微鏡による観察像**
右側は白い円状の部位からの電子回折パターンで c 軸が基盤に垂直であることを示す．

炭酸カルシウム結晶が成長し，特にアラゴナイト結晶も成長することが示された．次に，このアラゴナイト結晶の方位を解析したところ，真珠層のアラゴナイト結晶と同じく，基板に対して垂直に c 軸が揃っていることが判明した（図7・6）．

このことからPifはキチンと相互作用して有機薄膜を形成し，薄膜の内部にカルシウムイオンを集めて濃度を上昇させ，炭酸カルシウムを狭い場の中で成長させることで，結晶の方位をコントロールしているのではないかと考えられた．このようにアコヤガイの真珠層から見つかった酸性アミノ酸を多く含む新規のタンパク質としてPifの重要性が示された（Suzuki *et al.*, 2009）．

7・3　Pif配列の分子進化

この間，アコヤガイ以外の真珠貝でも同様にタンパク質の同定が進んできたが，アコヤガイとその他の貝類の真珠層の主要なタンパク質では，配列の相同性がほとんどなく，タンパク質の組成などが全く異なっているのではないかということが示唆されつつあった．しかし，Pifが上記に示したように重要なタンパク質であるなら，他の真珠層をもつ二枚貝類にも共通して存在するはずであると考えて，Pifの相同分子の探索を，アコヤガイ以外の貝類からおこなった．まず近縁種で同じ *Pinctada* 属であるクロチョウガイ *P. margaritifera*，シロチョウガイ *P. maxima* を用いて，ホモロジークローニングをおこなった．どちらもPCRにより配列を増幅することができ，Pif 97およびPif 80に相当する配列もよく保存されていた．さらに近縁の属である *Pteria* 属のマベガイ *Pteria penguin* からも同様にホモロジークローニングを行ったところ，Pif 97の配列は非常によく保存されていたのに対し（図7・7），Pif 80は配列の欠損や保存性の低い領域がいくつか見られた（図7・8）．特にマベガイのPif 80に相当する配列においては，配列の前半と中央付近の酸性と塩基性のアミノ酸配列の繰り返し部分に変異が多く入っており，炭酸カルシウムに対する活性が大きく異なるのではないかと予想された．

そこで，さらに種の離れたムラサキイガイ *Mytilus galloprovincialis* からPifに相当する遺伝子を探索することとした．マベガイがアコヤガイに近縁種で非常に美しい真珠層を作り，一部の国では真珠養殖にも利用されるのに対し，ムラサキイガイはアコヤガイとは系統的に離れて，真珠層構造はもっているが層間の厚みなどが整っていなく色が美しくないため真珠養殖には利用されていない．ムラサキイガイからも同様にホモロジークローニングを試みたが，配列を増幅することはできなかった．そこで，アコヤガイ真珠層の抽出液からPifのタンパク質を見つけた時と同様の方法で，炭酸カルシウムに結合する成分を特定することとした．その結果，SDS-PAGE上で炭酸カルシウムに結合する1つのバンドを見出すことに成功した．このタンパク質の配列を解析し，cDNAクローニングにより全アミノ酸配列を決定したところ，アコヤガイのPifと一次配列は異なるが，構造的に類似したタンパク質であることが判明した（図7・9）．このタンパク質をBMSP（Blue Mussel Shell Protein）と命名した．BMSPの配列の前半部（BMSP 120）にはPif 97と同様にvon Willebrand factor A (VWA) domainとキチン結合ドメイン（chitin-binding domain）が存在した．しかしながら，VWAは1つではなく4つ含まれており配列の長さが全く異なっていた．BMSPもPifと同様に後半の配列が炭酸カルシウムに結合することが実験より

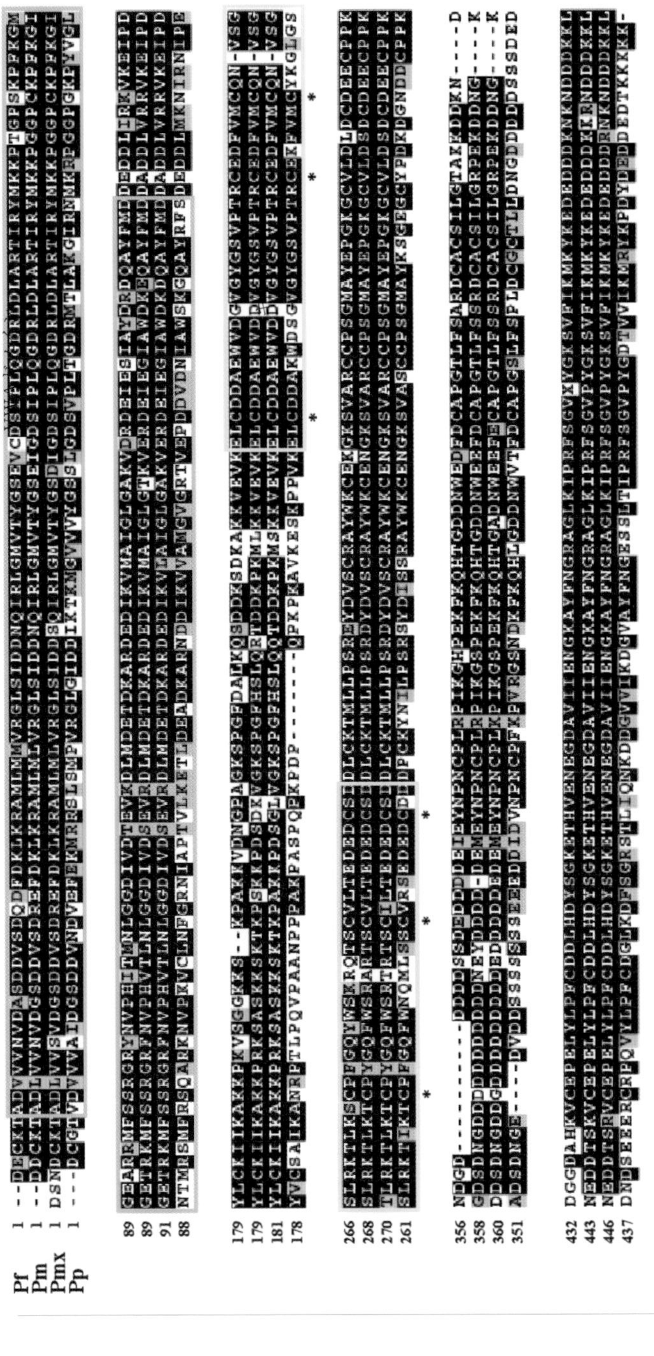

図7・7　近縁種におけるPif 97のアミノ酸配列アライメント
青色枠：VWAドメイン，黄色枠：キチン結合ドメイン

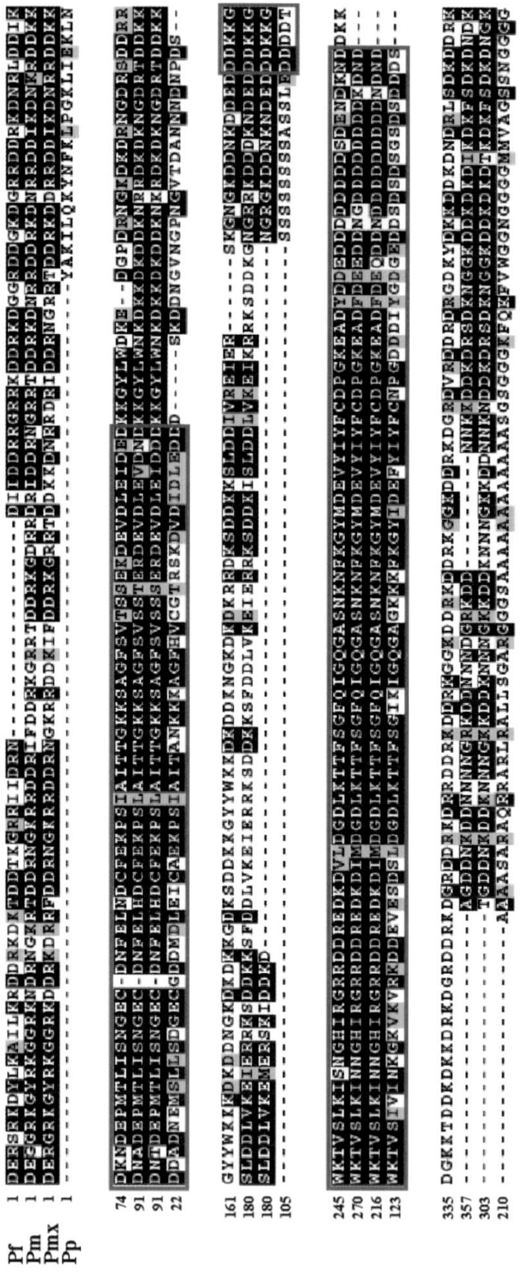

赤枠：相同性の高い領域

Pf：*Pinctada fucata*（アコヤガイ）、Pm：*Pinctada margaritifera*（クロチョウガイ）、Pmx：*Pinctada maxima*（シロチョウガイ）、Pp：*Pteria penguin*（マベガイ）

図7・8　近縁種におけるPif 80のアミノ酸配列アライメント

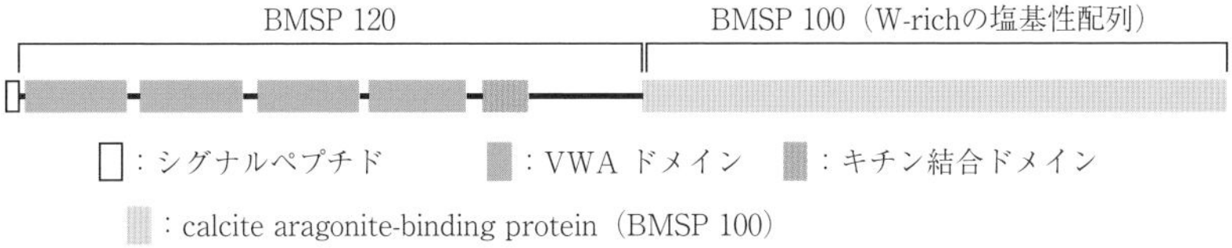

図7・9　BMSPの配列模式図

示唆されていた．その配列（BMSP 100）は Pif 80 とは全く異なっており，アスパラギン酸を多く含む配列ではなく，比較的トリプトファン（W）を多く含む配列ということが判明した（Suzuki *et al.*, 2011）.

また，BMSP の抗体を用いた局在解析の結果もアコヤガイの Pif の局在解析の結果と似ており，真珠層の内部に特に集中して局在することが判明したことから（図 7・10），全体としての機能は似ている可能性が示唆された．このことから，有機物との相互作用に働くドメインは比較的保存されるのに対し，炭酸カルシウムとの相互作用に働く領域は保存性が低くなる傾向にあることが示された．有機物間の相互作用は，分子同士の一対一の相互作用である．一方で，有機物と炭酸カルシウム結晶との相互作用では，nm オーダーの非常に小さい有機分子に対し，無限ともいえる大きな結晶の平面との相互作用では有機分子

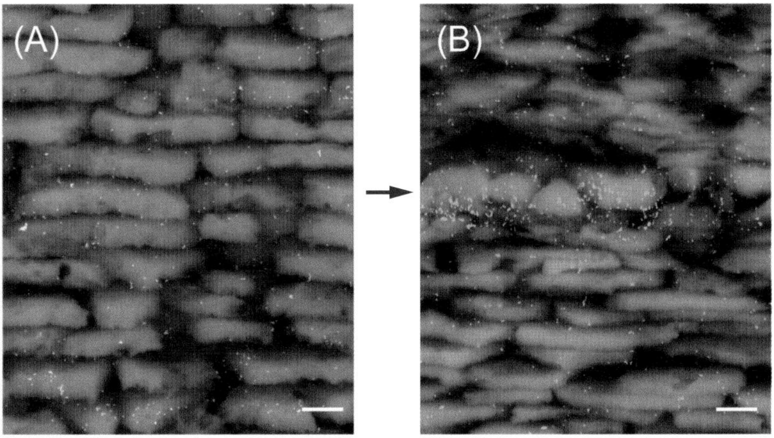

図7・10　ムラサキイガイ真珠層の免疫電子顕微鏡像

（A）：真珠層内部，（B）：真珠層の層関の乱れの部位，矢印は真珠層が乱れている部位を示す．スケールバー：1 μm.

がフレキシブルに動く必要があり，全体としての電荷のバランスや構造は重要であるが，一定の連続したアミノ酸配列を保存する必要性がないことを示している．

それでは，このような変異の早い配列がPifの炭酸カルシウム結晶と相互作用する機能をもつようになったのはなぜなのか，どのように進化してきたのか疑問が生じる．そこでさらに配列を細かく比較し検証を行うと，非常によく保存されたchitin-binding domainの直後の配列が様々な貝類のPif様タンパク質の配列で相同性が高いことが判明した．ここには何らかのドメインが存在しているのか当初はわからなかったが，軟体動物で最初にtranscriptomeデータなどが公開されたカサガイ *Lottia gigantea* のデータベースより見出したPifの相同遺伝子の1つの配列（LG233460）からlaminin G domainが存在することに気付いた．特にlaminin G domainの前半部分が全ての貝類のPifタンパク質で高度に保存されていることが判明した．そこで，laminin G domainの後半部分の配列はどこにいってしまったのか探索したところ，Pif 80の中盤付近やBMSPのC末端付近の後半に相同性を有する領域が残されていることが判明した（図7・11）（Suzuki *et al.*, 2013）．このことはPifタンパク質の炭酸カルシウムと相互作用する後半のタンパク質はlaminin G domainから進化してきたという可能性を示している．laminin G domainは細胞外マトリックスであるlamininがもつドメインで他の細胞外マトリックスと相互作用する役割をもつ．その構造安定化にカルシウムイオンと相互作用する酸性アミノ酸が必要なこと，一部のlaminin G domainは連続した塩基性アミノ酸の領域（dibasic site）の切断を受けることなどが知られている．原始的な軟体動物において，laminin G domainをもつ細胞外マトリックスタンパク質がカルシウムイオンを濃集し，炭酸カルシウム結晶を作ったことが生存に有利に働き，より大きな石灰化した殻を作るように分子も変異を続けた結果，Pifのようなタンパク質を作るように進化していったのかもしれない．

7・4　おわりに

近年の次世代シーケンサと質量分析の発達により，proteome解析やtranscriptome解析などが貝類などにおいても精力的におこなわれるようになってきた．アコヤガイやカキの幼生の殻タンパク質を解析した結果では，Pifタンパク質ファミリーは両者において非常によく保存されているという報告もあ

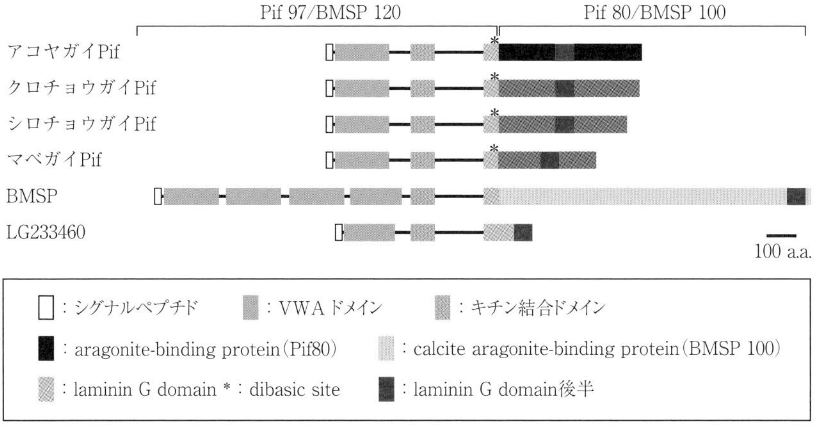

図7・11　貝類におけるPifの配列比較

り，貝殻の初期発生に重要な役割があると示唆されている（Zhao *et al*., 2018）．貝殻の初期発生において重要な役割をもつという意味は，貝類が進化の過程で貝殻を形成するという形質をどのように得たのかということと密接に関連しており、貝殻タンパク質の分子の進化を考える上で大きな手掛かりになることが期待される．

今後はこのような特殊な配列を有するPifなどのバイオミネラルタンパク質が，どのような構造をとってカルシウムなどの金属イオンを濃集し，結晶成長を制御して鉱物の沈着を行うのか，研究を続けバイオミネラリゼーションの神秘を解き明かしたいと考えている．

謝　辞

本研究成果報告は，JSPS科研費，新学術領域研究（19H05771）の助成を受けたものである．

文　献

Addadi L, Weiner S. Interactions between acidic proteins and crystals: stereochemical requirements in biomineralization. *Proc. Natl. Acad. Sci. USA* 1985; **82**: 4110-4114.

Miyamoto H, Miyashita T, Okushima M, Nakano S, Morita T, Matsushiro A. A carbonic anhydrase from the nacreous layer in oyster pearls. *Proc. Natl. Acad. Sci. USA* 1996; **93**: 9657-9660.

Miyamoto H, Miyoshi F, Kohno J. The carbonic anhydrase domain protein nacrein is expressed in the epithelial cells of the mantle and acts as a negative regulator in calcification in the mollusc *Pinctada fucata*. *Zool. Sci.* 2005; **22**: 311-315.

Miyashita T, Takagi R, Okushima M, Nakano S, Miyamoto H, Nishikawa E, Matsushiro A. Complementary DNA cloning and characterization of pearlin, a new class of matrix protein in the nacreous layer of oyster pearls. *Mar. Biotechnol.* 2000; **2**: 409-418.

Samata T, Hayashi N, Kono M, Hasegawa K, Horita C, Akera S. A new matrix protein family related to the nacreous layer formation of *Pinctada fucata*. *FEBS Lett.* 1999; **462**: 225-229.

Sudo S, Fujikawa T, Nagakura T, Ohkubo T, Sakaguchi K, Tanaka M, Nakashima K, Takahashi T. Structures of mollusc shell framework proteins. *Nature* 1997; **387**: 563-564.

Suzuki M, Saruwatari K, Kogure T, Yamamoto Y, Nishimura T, Kato T, Nagasawa H. An acidic matrix protein, Pif, is a key macromolecule for nacre formation. *Science* 2009; **325**: 1388-1390.

Suzuki M, Iwashima A, Tsutsui N, Ohira T, Kogure T, Nagasawa H. Identification and characterisation of a calcium carbonate-binding protein, blue mussel shell protein (BMSP), from the nacreous layer. *Chembiochem* 2011; **12**: 2478-2487.

Suzuki M, Iwashima A, Kimura M, Kogure T, Nagasawa H. The molecular evolution of the pif family proteins in various species of mollusks. *Mar. Biotechnol.* 2013; **15**: 145-158.

Watabe N, Wilbur KM. Influence of the organic matrix on crystal type in molluscs. *Nature* 1960; **188**: 344.

Zhao R, Takeuchi T, Luo YJ, Ishikawa A, Kobayashi T, Koyanagi R, Villar-Briones A, Yamada L, Sawada H, Iwanaga S, Nagai K, Satoh N, Endo K. Dual gene repertoires for larval and adult shells reveal molecules essential for molluscan shell formation. *Mol. Biol. Evol.* 2018; **35**: 2751-2761.

8章　アコヤガイの赤変病研究の現状

松山知正[1]・中易千早[1]

真珠養殖がおこなわれる一部の海域で，1994年にアコヤガイの大量死が発生し，2年後には養殖がおこなわれる西日本各地の海域へ被害が拡大した．衰弱した個体の軟体部が赤褐色に変色すること，これまでに経験のない大規模な死亡が発生する点で，既知の死亡事例とは異なっていた．その後も累積死亡率が70％にも及ぶ大量死が毎年発生し，わが国の真珠養殖業は壊滅的な打撃を受けた．衰弱したアコヤガイの外見的特徴から本症は赤変病と名付けられた．全国の真珠生産量は赤変病発生以前である1993年の78.2トンから1999年には24.6トンに，真珠のもととなる核を挿核される真珠母貝の生産量は同期間に9,460トンから2,403トンに減少した（森実ら，2001）．真珠養殖経営体も赤変病が顕在化した1996年以降に顕著に減少している（良永・花見，2018）．耐病性系統の利用や，飼育管理技術の工夫により被害は減少したが，現在でも本病は発生している．

疾病の原因究明は，1996年より水産庁水産研究所（現在の国立研究開発法人水産研究・教育機構），真珠産業関係県，大学などの試験研究機関で大規模におこわれ，様々な説が提唱されたが原因の特定には至っていなかった．筆者らは近年急速に進歩した遺伝子の解読技術を利用して原因の特定を試み，病原体を指し示す証拠を蓄積しつつある．この章では，本疾病の原因究明のための研究の概要，推定された病原体の特徴，考え得る新たな赤変病対策について紹介する．

8・1　赤変病の特徴

健常なアコヤガイの軟体部は乳白色であるが，赤変病に罹患した貝では赤褐色を呈する．赤褐色化は代謝産物の蓄積によると考えられているが，原因物質は特定されていない．赤色度は色彩色差計を用いてa値として数値化され，3.0

1)　国立研究開発法人水産研究・教育機構　増養殖研究所

を超えた場合に本病を発症したと判定されている（森実ら，2001）．病理組織学的には，結合組織の異常が最も顕著に観察される．正常な貝の閉殻筋では，筋繊維が密に配列するのに対し，病貝では筋繊維間に結合組織が発達し，筋繊維の配列が粗になるとともに，血球の浸潤が認められる（黒川ら，1999）．発病は水温と関係し，大量死および発症は 9 ～ 11 月の高水温期に顕著になり，水温の低下とともに終息する．感染試験では飼育水温が高いほど病徴が早く現れる（Nagai *et al*., 2007）．感染から死亡までに長い時間を要するのも本病の特徴である．例えば水温 25℃前後での感染試験では発症や死亡が発生するまでに数ヵ月を要する（黒川ら，1999；Nakayasu *et al*., 2004；Nagai *et al*., 2007）．魚類の感染症では，ほとんどの病原体の感染試験は長くても 1 カ月あれば結果が得られる．本病は病気の進行が極めて遅く，感染試験に半年以上の長時間を要することが次項で述べる病原体究明を遅らせた理由の 1 つである．

8・2　原因究明

1)　病原体の探索

本病の原因として感染症のほかに，飼育環境中の餌料プランクトンの減少，かつて魚類養殖で寄生虫の駆虫薬として用いられていたホルマリンの影響，養殖魚の飼料から散逸する過酸化脂質の流入が原因とする環境説などが提唱された．その後，病貝から採取した外套膜や血リンパ液を健常貝に移植すること（黒川ら，1999；中島，1999；森実ら，2002），あるいは病貝と健常貝を水槽内に同居させることで（Nakayasu *et al*., 2004）健常貝に対して赤変病を再現できることから，本病は感染症であることが明確となった．

感染試験において，450 nm フィルターを通過した病貝の血リンパ液のろ液にも病原性が認められることから，病原体はウイルスあるいは小型の細菌と考えられるようになった．魚類の培養細胞を用いて病貝から分離された小型球形ウイルスが赤変病を再現すると報告されたが（Miyazaki *et al*., 1999），筆者らのグループがおこなった追試験では本報告を再現できず（中島 , 1999），本ウイルスを検出する手法が存在しないため客観性に欠け，現在では本ウイルスを原因とする考えは否定されつつある．

筆者らは，密度勾配遠心法やゲルろ過法などによる病原体の物理学的精製と感染試験による病原体の特定を試みてきたが，病原性は容易に失活し精製することはできなかった（未発表）．また，病貝に含まれる微生物叢を網羅的に解析する目的で，プラスミドのクローニングにより作成したDNAおよびRNAのショットガンライブラリーを用いたシーケンシング解析，クローニングに基づいた16S rRNA遺伝子解析やDGGE（Denaturant Gradient Gel Electrophoresis）法による細菌叢の解析をおこない，様々なウイルスや細菌の遺伝子を検出してきたが，病原体を特定することはできなかった．これらの解析を通じて，極めて多様な細菌やウイルスの遺伝子が健常貝を含めたあらゆるアコヤガイから検出され，アコヤガイの体内には筆者ら魚病研究者の想像をはるかに超える複雑な微生物叢が広がっていることが次第に明らかとなった．解析をおこなうたびに新たな微生物が検出され，病原体を特定するのは極めて困難に思われた．こうした状況を打開するためには，新たな解析技術の導入が不可欠と考えられた．

2)　次世代シーケンサを利用した病原体の探索

① ショットガンメタゲノム解析と薬剤投与試験

前述のように，筆者らは病貝の微生物叢を網羅的に解析してきたが，アコヤガイの体内の微生物叢の複雑さに対して解析が追いつかない状況であった．そうした中，革命的な解析能力を有する次世代シーケンサの登場により研究は急加速した．従来の解析手法では，遺伝子を一つずつ解読し，1日に数千から数万塩基を読んでいたのに対し，次世代シーケンサによる新しい技術では，筆者らが解析を始めた2012年時点でも数万から数億の塩基を同時並列的に解読し，従来法とは比較にならない膨大なデータを一度に取得することが可能であった．現在では解読能は飛躍的に向上している．

病原体の精製を試みる中で，本病原体は20,000x*g*の遠心力で沈降することがわかっていた．そこで，病原体が含まれる遠心沈渣について次世代シーケンサを用いたショットガンメタゲノム解析をおこなった（Matsuyama *et al.*, 2017）．ショットガンメタゲノム解析とは，サンプルに含まれるゲノムをそのままシーケンスすることで，ウイルスや細菌などの環境中の多様な微生物群の遺伝子を分離培養することなく網羅的に解析する手法である．その結果，遠心沈渣にはアコヤガイなどの動物に感染するウイルスに相同性を示す遺伝子配列はほとんど存在せず，大部分を細菌とバクテリオファージ（細菌に感染するウイルス）を由来とする配列が占めていた．配列の出現頻度の高さから細菌が病原体ではないかと考えた．

病原体を細菌とする考えを裏付ける目的で，抗生物質による発病の抑制試験をおこなった．抗生物質は細菌にのみ作用し，ウイルスには効果がないため，病原体が細菌であれば抗生物質の投与により発病は抑制される可能性が高い．健常なアコヤガイに病貝の血リンパ液を接種し，その直後から10日後まで高濃度のペニシリンを飼育水槽に投入したところ，ペニシリンを投与した群では死亡がほとんど起こらず，生残した貝は赤変病の症状を示さなかった．一方で，ペニシリンを投与しない群では，感染111日後には約半数が死亡し，生残した貝の軟体部は赤色化して赤変病を発症していた（Matsuyama *et al*., 2017）．抗生物質で発病が抑制されることから，本病は細菌感染症である可能性が高まった．ただし，抗生物質の投与はウイルス感染により衰弱した個体に対する二次的な細菌感染も防ぐため，本結果はウイルスが病原体である可能性を完全に否定するものではない．なお後述するが，既に赤変病を発症したアコヤガイに抗生物質を投与しても治療することはできない．本試験は感染と同時に，養殖場での投薬には非現実的な高濃度の抗生物質を試験貝に長期間浸漬している．養殖現場への抗生物質の利用は，治療効果は期待できず，薬剤耐性菌の出現を招きかねないためおこなうべきではない．

② 16S rRNA 遺伝子を対象としたメタゲノム解析

病原体は細菌である可能性が高まったことから，16S rRNA 遺伝子を対象としたメタゲノム解析をおこなった．16S rRNA 遺伝子は全ての細菌がもつ遺伝子で，しかも細菌種ごとに少しずつ配列が異なる．しかし，近縁関係にある細菌種の場合，この遺伝子配列は類似しているため，データベースに登録されている既知の細菌の遺伝子と，自分で取得した配列を比較することで，目的のサンプルに含まれる細菌種を推定することができる．図8・1は，赤変病が発生している3海域から入手した病貝と，未発生の3海域の健常貝の，血リンパ液および外套膜の細菌組成を門レベルで整理し，出現率の高い上位10門を示している．門とは，生物分類の階級の1つで，例えばヒトを分類学的に表現すると，脊索動物門，哺乳類綱，霊長目，ヒト科，ヒト属，ヒトとなる．図8・1で示した門は上位の分類群であり，それぞれの門には非常に多数の種が含まれることに注意してほしい．病貝と健常貝の細菌組成を比較したところ，スピロヘータ門だけが血リンパ液と外套膜の両方で病貝に統計的に有意に多く検出された．しかも，解析した全ての病貝からスピロヘータの遺伝子が検出されている．

しかし健常貝にもスピロヘータ門の細菌が少数存在する個体があり明確ではない．そこでスピロヘータ門に割り当てられた16S rRNA 遺伝子配列を精査してみた．血リンパ液と外套膜の全ての解析を合計すると，スピロヘータ門の配列は 73,336 回検出されており，これらの配列を整理すると 38 種類に分類された．つまり大雑把に考えると，解析したアコヤガイ全体には 38 種のスピロヘータが存在するということである．スピロヘータ門を由来とする 38 種類の配列のうち，1 種類に 98.5%（72,264 回検出）が集中し，その 1 種類の配列は病貝だけから検出され，健常貝からは一度も検出されなかった．本遺伝子は病貝に特異的であり，出現頻度も高いことから病原体の遺伝子と考えられる．つまり病原体はスピロヘータの一種であることを示唆している．ただし，病原体として証明するには本菌を純粋に取り出して健常貝に投与して赤変病を再現する，あるいは疫学的な状況証拠を積み上げる必要がある．

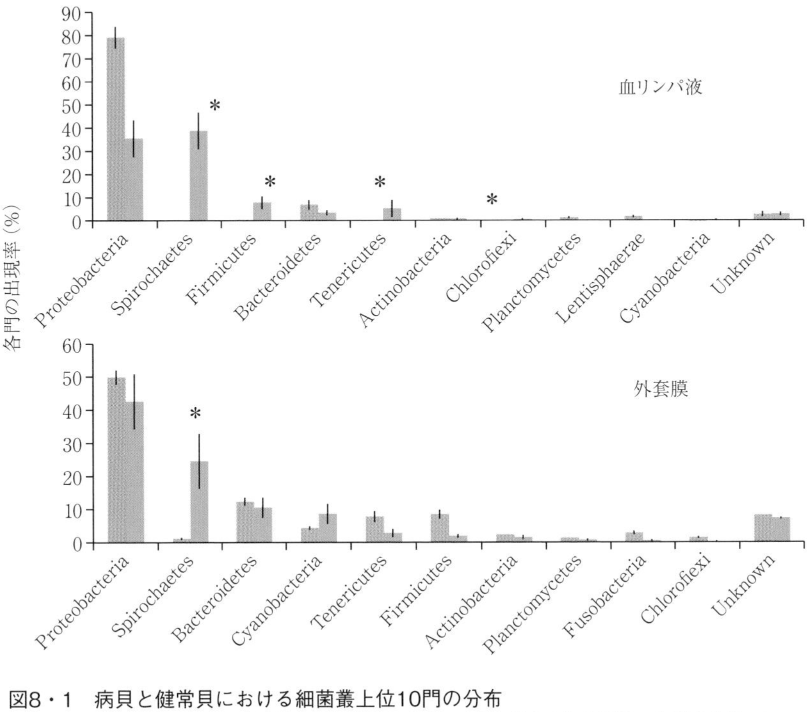

図8・1　病貝と健常貝における細菌叢上位10門の分布
16S rRNA遺伝子のメタゲノム解析において得られた全リードに対する各分類群の出現率を門のレベルで示した．青棒は健常貝を，赤棒は病貝を示す．血リンパ液と外套膜ともに病貝に有意に多いのはSpirochaetes（スピロヘータ）門だけである．

③ 推定された病原体 *Candidatus* Maribrachyspira akoyae の分類と形態

16S rRNA 遺伝子のメタゲノム解析により病原体を由来とすると思われる遺伝子の一部が解読されたことから，本遺伝子を手がかりに推定された病原細菌の観察を試みた．まず，本菌の 16S rRNA 遺伝子の全長を取得し，既知のスピロヘータ門の各種細菌の 16S rRNA 遺伝子とともに系統解析をおこなった．本菌は *Brachyspira* 属に近縁であるが明らかに系統は異なることが示された（図 8・2）．近縁関係にある *B. aalborgi* と *B. pilosicoli* に対して作成されたウサギ抗血清を入手し，アコヤガイの血液標本を染色してみた．赤変病の病原体と推定された細菌は *Brachyspira* 属に近縁なため，これらの抗血清には赤変病の推定病原体に交差反応することが期待できる．いずれの抗血清を用いた場合でも，病貝の血液中から 5 〜 11 μm の屈曲したらせん菌が交差反応を示した（図 8・3）．さらに，本菌の 16S rRNA 遺伝子に設計した蛍光プローブを用いた *in situ*

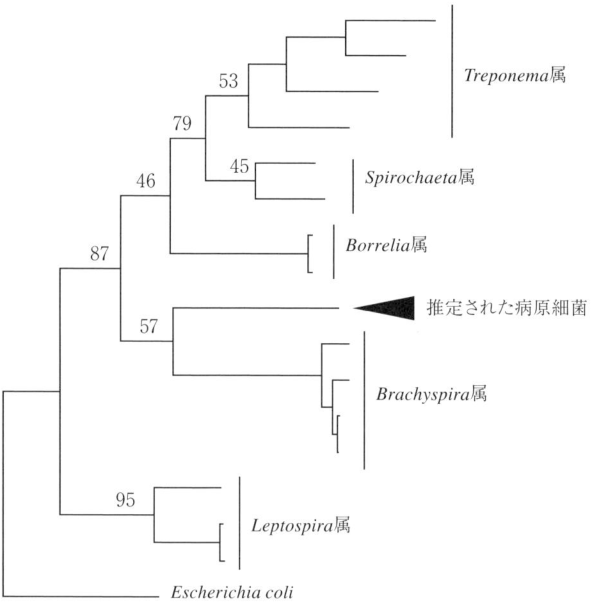

図 8・2　推定された病原細菌とスピロヘータ門の基準種の 16S rRNA遺伝子に基づいた系統樹

推定された病原細菌は*Brachyspira*属と近縁だが明らかに別系統である．
枝上の数値はブートストラップ確率でその枝の信頼性の指標．

ハイブリダイゼーション（目的の遺伝子を可視化する手法）においても，同様の形態の細菌が病貝のみに検出された．本菌の 16S rRNA 遺伝子の配列，観察された形態に基づき，新属新種の名称として海の *Brachyspira* を意味する *Candidatus* Maribrachyspira akoyae を提唱している．なお，本スピロヘータは生理食塩水程度の浸透圧で失活することから，人を含めた哺乳類への感染の恐れはない．

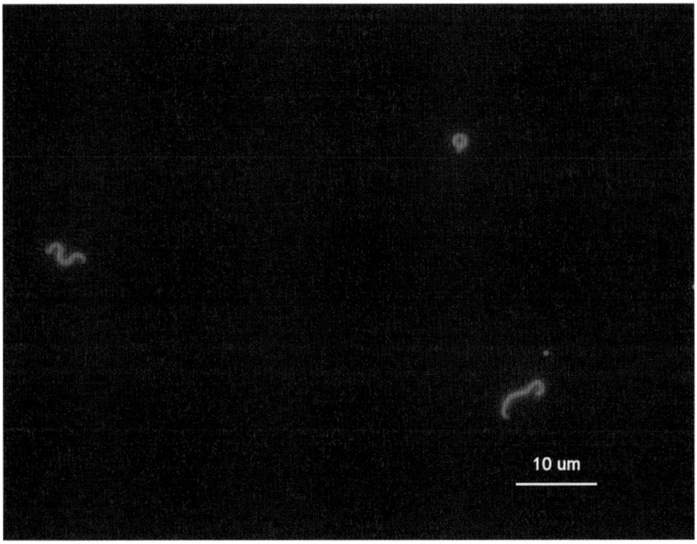

図8・3　病貝血リンパ液の塗抹標本の *Brachyspira aalborgi* に対するウサギ抗血清を用いた蛍光免疫染色

形態的に *Brachyspira* 属と類似したスピロヘータが病貝の血リンパ液にのみ観察された．*B. pilosicoli* に対する抗血清を用いた免疫染色や，推定された病原スピロヘータの 16S rRNA 遺伝子に対する *in situ* ハイブリダイゼーションでも同様のスピロヘータが病貝のみに観察された（図示せず）．

8・3　分子疫学解析

1）アコヤガイに感染する本スピロヘータの検出

赤変病の病原体と推定された *Candidatus* M. akoyae を迅速かつ簡単に検出するために，本菌の 16S rRNA 遺伝子を標的とした PCR の構築を試みた（Matsuyama *et al*., 2018）．PCR は，目的の遺伝子を特異的に増幅する方法で，測定系の構築には目的遺伝子の両末端に特異的に結合するプライマーと呼ばれる短い DNA を 2 つ設計しなくてはならない．16S rRNA 遺伝子は菌種ごとに配列が少しずつ異なることから，目的の細菌だけがもつ配列部分を 2 カ所探し出せれば，理論的には目的の細菌を特異的に検出する PCR 系を構築することができる．残念ながら，アコヤガイの体内には極めて多様な細菌が存在することもあり，*Candidatus* M. akoyae の 16S rRNA 遺伝子を特異的に検出するプライマーを設計することができなかった．そこで，プライマーの設計には 8・2・1) で述べた病貝血リンパ液の遠心沈渣に対するショットガンメタゲノム解析で得られたデータを利用した．本データには様々な微生物のゲノム配列が混在しているため，*Candidatus* M. akoyae を由来とする配列を選び出す必要がある．本菌はスピロヘータ門に分類されるため，データベースに登録されているスピロヘータ門の細菌の遺伝子配列に類似した配列をショットガンメタゲノム解析データから探し出し，9 種類の配列を候補として選出して PCR を構築した．赤変病を発症したアコヤガイから DNA を抽出し，構築した PCR の有用性を検証したところ，9 種類の候補配列に対する PCR のうち，6 種類については予想されるサイズの PCR 産物の増幅が確認されたが，3 種類では増幅産物が得られなかった．そこで以降の解析には増幅が確認された 6 種類の遺伝子に対する PCR を用いることにした．

疫学的調査を行うために，2001 年から 2016 年にかけて，赤変病が発生していない 3 海域から 5 集団と，発生している 5 海域から 15 集団の，合計で 20 集団 124 個体のアコヤガイを収集した．はじめに，集団ごとに 5 ～ 17 個体から抽出した DNA をプールしたサンプルを用いて，各集団における 6 種類の遺伝子の有無を PCR 法により調べた．その結果，6 種類の遺伝子はいずれも未発生 3 海域の 5 集団のアコヤガイからは検出されなかった（図 8・4）．一方で，赤変病発生 5 海域のアコヤガイでは，年代にかかわらず 15 集団全てに 6 種の遺伝子が検出された．次に，収集した 124 個体を個体ごとに調査したところ，

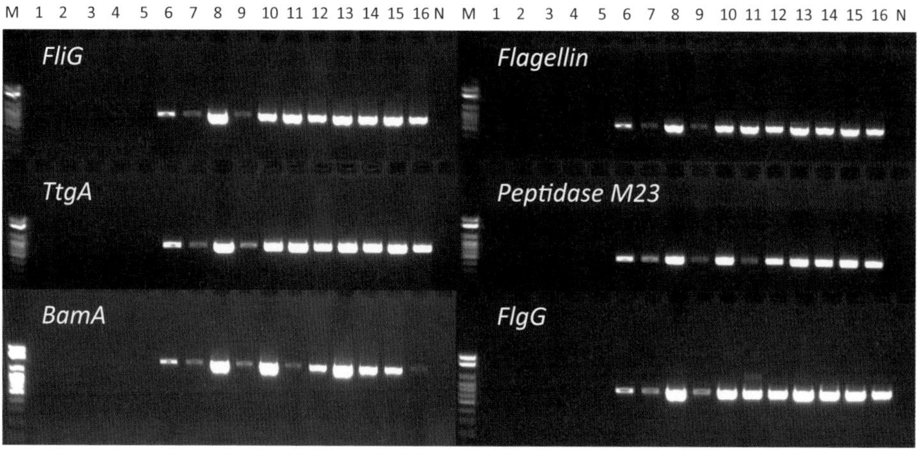

図8・4　PCRによる本スピロヘータ遺伝子の検出
病貝のショットガンメタゲノム解析で得られたスピロヘータに相同性を示す9種類の遺伝子に対してプライマーを設計した．赤変病が発生しない海域（レーン1～5）と赤変病発生海域（レーン6～16）のアコヤガイから抽出した複数個体のDNAを海域ごと混合してPCRのテンプレートとした．6種類の遺伝子は，非発生海域の試料では検出されず，発生海域の試料では全てから検出された．Nはテンプレートを用いない陰性対象，Mは分子量マーカー．

赤変病の発症の目安である閉殻筋の赤色度（a値）が3.0を超える17個体では，全個体に6種の遺伝子が検出された．赤変病発生海域から収集した貝でも，a値が3.0未満の個体では検査した個体の約半数が陰性であり，赤色度とPCRの結果には相関関係がみられた．未発生海域の36個体ではいずれの遺伝子も検出されなかった．本結果は，赤変病の病原体は本スピロヘータとするメタゲノム解析による推定が合理的であることを疫学的に裏付けている．

2）定量PCRによる本スピロヘータのアコヤガイ体内での分布調査

定量PCRは，PCRによる遺伝子の増幅過程を経時的に測定することで，サンプルに含まれる解析対象遺伝子の量を測定する方法である．前節で紹介したPCRによる疫学調査で対象とした6種類の遺伝子から，1種類の遺伝子について定量PCR測定系を構築し，赤変病の原因と推定した本スピロヘータがアコヤガイの体内でどのように分布しているのか解析した（Matsuyama *et al.*, 2109）．本スピロヘータは閉殻筋，血リンパ液および外套膜に多く分布し，鰓，桿晶体，血球，心臓および中腸腺には少ないことが明らかとなった（図8・5）．赤変病

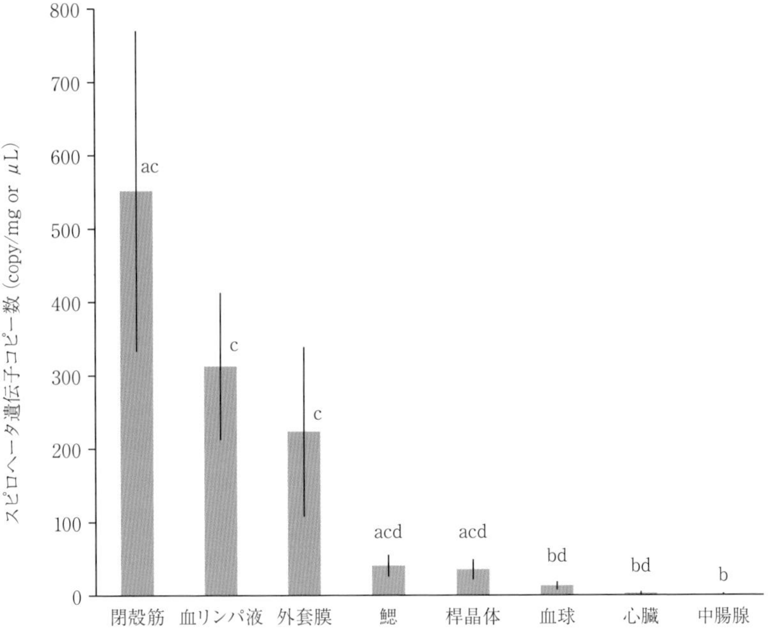

図 8・5　本スピロヘータ遺伝子のアコヤガイ体内での分布
定量PCRによりスピロヘータ遺伝子の病貝体内での分布を調査した．本スピロヘータは閉殻筋，血リンパ液，外套膜に多く分布していた．異なるアルファベットの組み合わせは有意差を示す．

の病原体の病貝体内での分布様式は，病貝の組織片を健常貝へ移植する感染試験で既に調べられ，心臓，消化盲嚢や血球と比べて，外套膜，閉殻筋や血リンパ液に多いと推定されている（Nakayasu *et al*., 2004）．定量 PCR により明らかになったスピロヘータの分布と，感染試験で推定された病原体の分布は類似しており，この点でもスピロヘータを病原体と考えて矛盾はない．

実は様々な貝類において，消化に関わる組織である桿晶体にスピロヘータが観察されることが古くから知られている（Certes, 1882）．アイスランドガイの桿晶体からは *Candidatus* M. akoyae に近縁な *Brachyspira* 属の遺伝子が検出されている（Husmann, 2010）．桿晶体に分布するスピロヘータは宿主と共生関係にあり，病原体とは考えられていない（Sitnikova, 2012）．定量 PCR による測定では *Candidatus* M. akoyae は桿晶体には少なく，これまでに報告されている貝類のスピロヘータとは性質が異なると考えられる．

3）スピロヘータの季節変動

赤変病は水温が高い夏から秋にかけて発症し，冬季の低水温によって治癒することが知られている．それでは，アコヤガイに感染した本スピロヘータも水温と関連して増減するのであろうか．赤変病が流行している愛媛県の真珠養殖海域で垂下飼育されている，中国貝と国産貝を親にして生産された交雑貝を定期的に5個体ずつ取り上げ，血リンパ液中の本スピロヘータの量を定量PCRで測定するとともに，閉殻筋のa値を測定した（Matsuyama *et al.*, 2019）．海水温とスピロヘータ遺伝子を示した図8・6を見ると，検出されるスピロヘータ遺伝子の量は水温と連動して変動することがよくわかる．特に垂下飼育を始めた翌年の2015年では，4月以降の水温上昇とともに本スピロヘータが増加し，水温が最高となる10月前後に菌数も最大となっている．水温が20℃を下回った12月になると，血リンパ液中の本スピロヘータ遺伝子は急減し，それ以降は1 μLに数十コピーの遺伝子が検出されるにすぎない．本試験は赤変病に対して耐病性の高い交雑貝を用いたため，死亡はほとんど起こらなかったが，同じ海域で飼育していた赤変病未発生海域由来の国産アコヤガイは，9月から10月にかけて約30%が死亡しており，死亡が顕著になる時期と菌数が最大とな

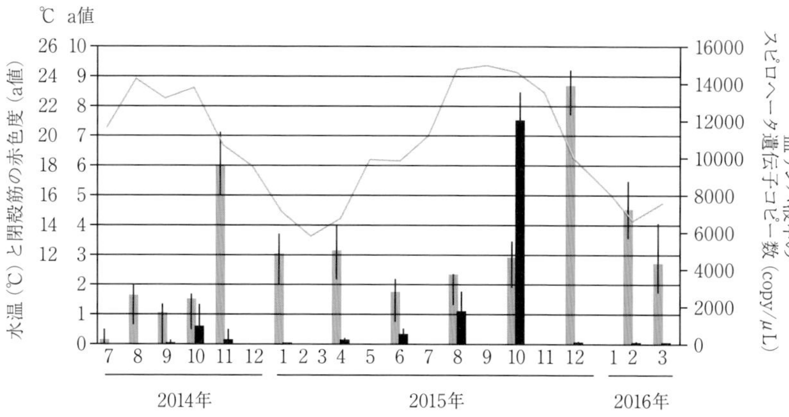

図8・6　真珠養殖海域に飼育したアコヤガイの血リンパ液中の本スピロヘータ遺伝子，閉殻筋の赤色度と水温の季節変化

赤棒は閉殻筋の赤色度，黒棒は血リンパ液中の本スピロヘータ遺伝子コピー数の5個体の中央値と標準誤差を，線グラフは水温を示す．中国産と国産アコヤガイを親として作成した交雑貝を2014年4月から真珠養殖海域に垂下飼育し，定期的に採取した5個体について測定した．

る時期とは一致している．

本病による大量死は高水温期に発生し，水温の低下とともに終息することが知られている（和田，1997）．養殖海域では，水温が 20 ～ 23℃に上昇すると軟体部が赤色化した個体が目立ち始め，その後 2 ～ 3 カ月の間に死亡率が上昇する．また，水温が 20℃を下回ると死亡率は急減すると報告されている（和田，1999）．永井らは異なる水温下で感染試験を行い，19℃以上での感染試験では赤変病を発症するが，16℃以下では発症しないと報告している（永井ら，2004；Nagai *et al*., 2007）．発症が確認された 19 ～ 31℃の水温帯においても，水温が高いほど赤変化した個体の出現率は高く，例えば 19，22，25，28，31℃における感染 60 日後の赤変化個体の割合は，それぞれ 0，5，55，95，100％となっている（Nagai *et al*., 2007）．水温の発症への影響を示した永井らの報告と，スピロヘータの挙動を示した筆者らの調査結果はよく一致している．

赤変病は冬季には治癒することが経験的に知られており，低水温を利用した赤変病対策が報告されている（岩永ら，2008a）．永井らは，冬季の 16℃以下の水温を長く経験するほど，春季以降の水温上昇期における発症が抑制されることを報告した（永井ら，2004；Nagai *et al*., 2007）．しかし病貝は低水温によって完全に治癒することはなく，翌年の水温上昇に伴って赤変病を再発すると述べられている（永井ら，2004）．筆者らの調査でも，スピロヘータ遺伝子の検出量は水温の低下に伴って急減するが，水温が約 15℃となった 2015 年の 4 月や 2016 年の 2 月でもわずかながらスピロヘータが検出されており，この点もよく一致している．筆者らの調査結果は，養殖現場において利用されている低水温治療の科学的根拠を示すものと考えられる．

垂下飼育 1 年目のスピロヘータの感染量は，2 年目と比較して明らかに少ない．岩永ら（2008a）は，同一海域で飼育した同系統の 1 歳貝と 2 歳貝を比較すると，死亡率と閉殻筋の a 値はともに 1 歳貝のほうが 2 歳貝よりも低く，赤変病による衰弱の影響と考えられる血清タンパク濃度の低下も 1 歳貝で軽微であったと述べている．また，養殖海域で飼育したアコヤガイの発症や死亡に要する積算水温は，加齢に伴って減少する（和田，1999）．筆者らの調査では，垂下飼育を開始して 3 および 4 カ月後に当たる 2014 年の 7 月と 8 月は，高水温であるにもかかわらずスピロヘータが検出されていない．スピロヘータの感染力は弱いため，垂下飼育を開始した年の感染量や発症の程度は低い．低水温によってスピロヘータは減少するものの，消失はしないため，翌年には水温上昇に伴い前年に感染が成立した個体では早期から感染量が増加し，2歳貝では重症化すると推測している．

赤変病の発症の指標であるa値は，菌数の変動より数カ月遅れて変化しているのがわかる．例えば2015年を見ると，スピロヘータは9月に最多となるのに対しa値は12月に最大となる．また，スピロヘータは12月には減少するが，a値は3月になっても発症の基準値の3近辺にある．赤色化は何らかの代謝産物の蓄積によると考えられており，病原体の増減に遅れて数値変動することは理にかなっている．軟体部の赤色化は目視でも確認でき，機械さえあれば手軽に数値化できる便利な指標であるが，病徴と必ずしも直結しない可能性があることに留意すべきであろう．

8・4　残された課題　病原体は証明されたのか？

ここまでスピロヘータを病原体と仮定して述べてきた．はたしてスピロヘータを病原体と考えて間違いないのだろうか．近代細菌学を確立したロベルト・コッホ（1843-1910）により提唱された，コッホの4原則が現在でも感染症の病原体を証明する基本指針となっている．4原則は，1. ある特定の病気には特定の微生物が見出されること , 2. その微生物を分離できること , 3. 分離した微生物を感受性のある動物に感染させて同じ病気を起こせること , 4. そしてその病巣部から同じ微生物が分離されることである．赤変病を発症した個体から必ずスピロヘータの遺伝子が検出されることから，1番目の原則は満たしたと考えていいだろう．残念ながら病貝からのスピロヘータの分離には成功しておらず，2番目から4番目の原則を満たすことができない．よって，コッホの4原則に照らし合わせると，現状ではまだ本スピロヘータを病原体として特定できていない．赤変病と病貝に特異的に検出される本スピロヘータの関係を明確にするためには，本菌の分離が最大の課題として残されている．

とはいえ，分離培養ができない病原体は数多く存在する．現在では医学・獣医学分野ではコッホの4原則を満たす病原体が見つかるほうが稀ともいわれている．このような培養できない微生物と疾病との関係を示すためには，疫学的状況証拠を積み重ね，相関関係を十分に明らかにしていく必要がある．これまでの研究でも，本スピロヘータと赤変病の関係性が強く示されてきているが，まだ不明な点がある．例えば，本菌の病貝体内での生息状態は病理組織学的に観察されていない．本菌の命名根拠となった16S rRNA遺伝子配列と，PCRや定量 PCR による疫学調査に利用したスピロヘータのゲノム配列が，同一の菌を由来とする直接的な証拠はない．本菌の病原性機構も全く不明である．また，本菌の環境中での分布もわかっておらず，養殖海域で如何にして感染が成立するのかもわからない．今後は，これらの点を明らかにしていく必要がある．

8・5　今後の対策

1）薬剤による治療

本スピロヘータを赤変病の病原体とする仮説が正しいとして，どのような対策が有効か考えてみたい．8・2・2）病原体の探索で述べたが，薬剤による治療は期待できない．哺乳類のスピロヘータ感染症では，抗生物質の投与が治療に有効である．そこで筆者らは，赤変病を発症した病貝に対し，数種類の抗生物質の投与を試みた．抗生物質は経口あるいは注射投与するのが一般的だが，水中の浮遊物を鰓で濾し取るように摂餌するろ過摂食性の二枚貝に薬剤の経口投与は困難であり，注射投与は養殖現場への普及に現実的ではない．そこで，病貝を止水で飼育し，飼育水に薬剤を添加する浸漬法により抗生物質を投与した．赤変病を発症したアコヤガイを 25℃で飼育し，毎日高濃度の抗生物質を溶解した新しい海水に換水し，連続で 10 日間薬剤を浸漬投与してみた．薬剤投与終了直後ではスピロヘータは減少し，その後に赤色度も低下傾向にあったが，投与終了数週間後には薬剤を投与しない群と同等にまでスピロヘータが再増加していた（未発表）．

治療がうまくいかないのは，薬剤の投与期間あるいは投薬量が不十分なのかもしれない．哺乳類の疾病でも，スピロヘータ感染症の治療には長期間にわたる抗生物質の投与が必要である．また獲得免疫機構をもたないという無脊椎動物に特有の原因も想像できる．ヒトを含む脊椎動物がもつ獲得免疫機構は，感染した病原体を記憶し，二度目の感染ではより強く病原体を排除する仕組みである．脊椎動物では，治療が完結した病原体にすぐさま再感染することは基本的にはない．しかし，無脊椎動物は感染した病原体を記憶することができず，同じ病原体に再感染してしまう．よって，無脊椎動物の疾病を投薬により治療するには，集団内の全個体から病原体を完全に排除する必要がある．さもなくば，一部の保菌個体から病原体が再増殖し，集団に蔓延してしまうであろう．魚類養殖における感染症対策は，獲得免疫を利用したワクチンによる予防と薬剤による治療が主体だが，獲得免疫のない貝類にはどちらも期待できない．

2）耐病性育種

海外では，主にカキの耐病性育種研究が盛んにおこなわれ，ヘルペスウイルスや原生動物感染症に対して抵抗性を示す家系がつくられている（Dégremont *et al.*, 2015）．アコヤガイでも，閉殻力の強さ（青木ら，2015）や血清タンパク濃度（岩永ら，2008b）を活力の指標として育種がおこなわれ，赤変病に耐性の高い系統が養殖現場へ供給されている．病原体が推定され，定量方法も確立されたことから，スピロヘータの感染量を指標とした耐病性育種が有効と考えられる．実際に，水槽内で耐病性育種系統のアコヤガイと赤変病に弱い本病未発生海域のアコヤガイを長期間同居飼育すると，耐病性系統の血中の本スピロヘータ量は有意に少なかった（未発表）．このことは，血中の本スピロヘータ量を指標とした選抜育種の有効性を示している．筆者らは現在，関係県と協力してスピロヘータ感染量を指標とした耐病性育種および耐病性マーカーの探索を進めている．

3）隔離と移動制限による海域の清浄化

清浄化は，一定地域において病原体を排除する戦略である．感染動物の除去，ワクチンを利用した再発の防止，清浄地域と汚染地域の区分けなどにより一定地域から病原体を排除する．特に畜産分野で有効な手段として用いられ，わが国においても鳥インフルエンザ，口蹄疫や豚コレラの清浄化に関する取り組みがニュースなどで報道されている．筆者が知る限り水産の分野で清浄化に成功した例は，デンマークで行われたマス類のウイルス性出血性敗血症しかない（Olsen, 1998）．清浄化には多大な労力を要し，生産者に対する精神的金銭的負担も大きいが，病原体が根絶されるメリットも大きい．

実は自然に赤変病が根絶したと考えられる地域がある．山下（2004）は，愛媛県の真珠養殖がおこなわれなくなった漁場で，赤変病が発生したことがない地域のアコヤガイを親として生産した種苗を飼育し，赤変病の症状が全く確認されないことを報告している．小田原ら（2011）は，日本各地で同様の調査をおこない，長崎県や愛媛県の真珠養殖がおこなわれなくなった地域では赤変病が発生しないことを確認している．筆者らがおこなったPCRによる疫学調査でも，これらの地域から採集したアコヤガイからはスピロヘータの遺伝子が検出されなかった（Matsuyama *et al.*, 2018）．小田原ら（2011）が推測したように，これらの地域では，アコヤガイの生息密度の低下により病原体が減少あるいは根絶したと考えられる．これらの事例は，一定期間アコヤガイの飼育を取りやめることにより，周辺海域から赤変病を根絶できる可能性を示唆している．

赤変病発生以前と比較して現在は真珠養殖生産量，経営体数ともに減少している（良永・花見，2018）．養殖がおこなわれなくなり，病原体が自然に根絶した海域がほかにもあるかもしれない．このような海域を探し出し，新たに真珠養殖を再開するのも有効と思われる．あるいは，真珠養殖がおこなわれたことがない海域を利用するのもよいだろう．ただし，そのような地域で養殖を行うには，病原体を保有しない地場のアコヤガイを用い，外部から病原体を侵入させないために防疫を徹底することが必須である．

8・6　赤変病を通して防疫対策について考える

宿主の存在なしに生存することのできない病原体は，宿主を殺しては自身も生存できないため，長い進化の歴史の中で互いに折り合いを付け，宿主との間に共存関係を成立するよう淘汰圧がかかる．そのため，ある病原体と古くから関わりのある生物は，その病原体に対して耐性をもつと考えるのが一般的である．赤変病の発生以前に，高水温耐性を期待して中国南部からアコヤガイが国内へ導入されているが，中国産のアコヤガイは赤変病に強い（山下・小田原，2017）．病原体と宿主が共生関係を成立させる原則に照らし合わせて，中国産のアコヤガイには無害な状態で潜んでいた病原微生物が，貝とともに日本へ持ち込まれ，予期せずに国産のアコヤガイに対して病害を引き起こしたと考えられている（良永 , 2005）．海外から病原体が侵入し，深刻な大量死をもたらした例は国内外に数多くある．今世紀に日本の水産業で大きな問題となった疾病に限っても，海外から侵入した病原体によりコイヘルペスウイルス病，マボヤの被囊軟化症，アユのエドワジエラ症が発生している．海外でも国外から侵入した病原体が，現地の養殖業や天然資源に大きな影響を与えた例が数多く報告されている（Peeler and Taylor, 2011）．

病原体は新たな生物種に感染する能力を獲得した場合に強い病原性を発揮することがある（Woolhouse *et al*., 2005）．また病原体は，生物学的特性が類似した近縁関係にある生物種の間で伝播しやすい（Parker *et al*., 2015）．赤変病は海外の生物種（中国産アコヤガイ）に病原性を示さない微生物が，国内の近縁関係にある土着生物（国産アコヤガイ）に強い病原性を発揮した典型例と思われる．病気を発症した動植物を故意に持ち込むことは通常考えられないが，国外あるいは他地域から生物を持ち込むとき，一見健康に見える生物も潜在的に移入先の何らかの生物に対して危険な微生物を保有している可能性があることをよく気に留めて欲しい．法的な対策として，水産資源保護法と持続的養殖生産確保法により，国内で未発生の重要な疾病を特定疾病として選定し，対象動物の輸入などが制限されるとともに，該当する病原体の国内侵入時の防疫対策が義務付けられている．しかし，制限対象となるのは病気の発生がわかっている生物のみである．赤変病のような現地では問題とならない疾病は，法的にも科学的にも対策の取りようがない．したがって，危険な病原体の侵入を防ぐには，生物を移動させないことに尽きる．

なお，水産分野における海外からわが国への病気の侵入については，日本水産学会誌 **71** 巻 4 号（2005）特集「海外からの病気の侵入」，良永（2016），農林水産省 Web ページ（http://www.maff.go.jp/j/syouan/suisan/suisan_yobo/）に詳しいのであわせて読まれたい．

謝　辞

本研究の一部は JSPS 科研費 JP24580291 ならびに，農研機構生研支援センター「革新的技術開発・緊急展開事業（うち先導プロジェクト）」の支援を受けて実施した．

文　献

青木秀夫，田中真二，渥美貴史，神谷直明，磯和　潔，古丸　明．閉殻力を指標とする選抜育種により作出されたアコヤガイの生残，赤変病症状と真珠品質．三重県水産研究所研究報告 2015; **24**: 1-8.

Certes A. Note sur les parasites et les commensaux de l'huître. *Bull. Soc. Zool. France*, 1882；7：347-353.

Dégremont L, Garcia C, Allen Jr S K. Genetic improvement for disease resistance in oysters: a review. *J. Invert. Pathol*. 2015; **131**: 226-241.

Hooper C, Hardy-Smith P, Handlinger J. Ganglioneuritis causing high mortalities in farmed Australian abalone (*Haliotis laevigata* and *Haliotis rubra*). *Aust. Vet. J*. 2007; **85**: 188-93.

Husmann G, Gerdts G, Wichels A. Spirochetes in crystalline styles of marine bivalves: Group-specific PCR detection and 16S rRNA sequence analysis. *J. Shellfish Res*. 2010; **29**: 1069-76.

岩永俊介，鈴木正昭，森 洋治，塚原淳一郎，細川秀毅．長崎県におけるアコヤガイ母貝養殖場の冬季水温による感染症軽減効果．水産増殖 2008a; **56**: 351-357.

岩永俊介，桑原浩一，細川秀毅．アコヤガイの血清タンパク質含量を指標とした優良親貝の選抜．水産増殖 2008b; **56**: 453-461.

黒川忠英，鈴木　徹，岡内正典，三輪　理，永井清仁，中村弘二，本城凡夫，中島員洋，芦田勝朗，船越将二．外套膜片移植および同居飼育によるアコヤガイ *Pinctada fucata martensii* の閉殻筋の赤変化を伴う疾病の人為的感染．日水誌 1999; **65**: 241-251.

Matsuyama T, Yasuike M, Fujiwara A, Nakamura Y, Takano T, Takeuchi T, Satoh N, Adachi Y, Tsuchihashi Y,

Aoki H, Odawara K, Iwanaga S, Kurita J, Kamaishi T, Nakayasu C. A Spirochaete is suggested as the causative agent of Akoya oyster disease by metagenomic analysis. *PloS ONE* 2017; **12**：e0182280.

Matsuyama T, Matsuura Y, Inada M, Takano T, Nakayasu C, Sakai T, Terashima S, Yasuike M, Fujiwara A, Nakamura Y, Tsuhchihashi Y, Odawara K, Iwanaga S, Masaoka T. An epidemiological study of Akoya oyster disease using polymerase chain reaction targeting Spirochaetes genes. *Fish Pathol*. 2018; **53**: 63-70.

Matsuyama T, Takano T, Nakayasu C, Odawara K, Tsuchihashi Y, Tanaka S, Yasuike M, Fujiwara A, Nakamura Y, Masaoka M. Spatiotemporal dynamics of Spirochaeta, the putative etiologic agent of Akoya oyster disease in pearl oysters, as determined by quantitative PCR. *Aquaculture* 2019; **513**：734433.

Miyazaki T, Goto K, Kobayashi T, Kageyama T, Miyata M. Mass mortalities associated with a virus disease in Japanese pearl oysters *Pinctada fucata martensii*. *Dis. Aqua. Org*. 1999; **37**: 1-12.

森実庸男，滝本真一，西川　智，松山紀彦，蝶野一徳，植村作治郎，藤田慶之，山下浩史，川上秀昌，小泉喜嗣，内村祐之．愛媛県宇和海における軟体部の赤変化を伴うアコヤガイの大量へい死．魚病研究 2001; **36**: 207-216.

永井清仁，岡田昌樹，郷　譲治，低水温漁場を用いたアコヤガイの病害被害軽減方策．日本水産学会誌 2004; **70**: 674-677.

Nagai K, Go J, Segawa S, Honjo T. A measure to prevent relapse of reddening adductor disease in pearl oysters (*Pinctada fucata martensii*) by low-water-temperature culture management in wintering fisheries. *Aquaculture* 2007; **262**:192-201.

中島員洋 . アコヤガイの大量死における伝染性病原体の関与について．魚病研究 1999; **34**: 227-227.

Nakayasu C, Aoki H, Nakanishi M, Yamashita H, Okauchi M, Oseko N, Kumagai A. Tissue distribution of the agent of akoya oyster disease in Japanese pearl oyster *Pinctada fucata martensii*. *Fish Pathol*. 2004; **39**: 203-208.

小田原和史，山下浩史，曽根謙一，青木秀夫，森　京子，岩永俊介，中易千早，伊東尚史，栗田　潤，飯田貴次．天然アコヤガイを用いたアコヤガイ赤変病の病勢調査．魚病研究 2011; **46**: 101-107.

Parker IM, Saunders M, Bontrager M, Weitz AP, Hendricks R, Magarey R, Suiter K, Gilbert GS. Phylogenetic structure and host abundance drive disease pressure in communities. *Nature* 2015; **520**: 542.

Peeler EJ, Oidtmann BC, Midtlyng PJ, Miossec L, Gozlan RE. Non-native aquatic animals introductions have driven disease emergence in Europe. *Biol. Inv*. 2011; **13**: 1291-1303.

Sitnikova T, Michel E, Tulupova Y, Khanaev I, Parfenova V, Prozorova L. Spirochetes in gastropods from Lake Baikal and North American freshwaters: new multi-family, multi-habitat host records. *Symbiosis* 2012; **56**: 103-110.

和田浩爾．貝柱褐色化アコヤガイの大量へい死に関する疫学的調査研究中間結果から．SHINJU けんきゅう 1997; **8**: 2-24.

和田浩爾．貝柱褐色化アコヤガイの大量へい死に関する疫学的調査研究結果．真珠の雑誌 1999; **40**: 1-25.

Woolhouse ME, Haydon DT, Antia R. Emerging pathogens: the epidemiology and evolution of species jumps. *Trends Ecol. Evol*. 2005; **20**: 238-244.

山下浩史．無病貝育成調査．平成 16 年度愛媛水試事報 2004: pp70

山下浩史，小田原和史．アコヤガイ赤変病．魚病研究 2016; **52**: 11-14.

良永知義．二枚貝の病気．日水誌 2005; **71**: 654-657.

良永知義．燈火 海外からの水産動物疾病の侵入の特徴と侵入防止対策の現状と課題．社団法人日本水産資源保護協会季報 2016; **9**: 3-9.

良永知義，花見　梢．アコヤガイ赤変病 : 20 年間の真珠産業への影響．魚病研究 2018; **53**: 136-138.

9章　アコヤガイの真珠収穫後の有効利用

前山　薫[1)]・服部文弘[1)]・永井清仁[2)]

真珠は生物がつくる唯一の宝石であり，かつては偶然の産物であった．1893年に開発された真珠養殖により，世界で初めて産業規模で真珠が生産されるようになった．この養殖真珠はその後，宝石として認められ，世界中の人々に愛されている．養殖真珠産業は，日本で創出されて世界中に広がった産業の1つである．

日本の各地で行われている真珠養殖では，主にアコヤガイ *Pinctada fucata* が母貝として用いられている．養殖の目的は，宝石としての真珠をつくることで，アコヤガイから真珠を取り出した後，貝柱は食用として利用されるほかは，品質的に宝飾品として適さない真珠，貝殻，軟体部などは利用価値のないものとして廃棄される．こうした未利用資源にも，有用物質が含まれている可能性がある．

筆者らは，真珠は生物がつくり出す宝石であることから，生物自体のアコヤガイに興味を抱き，研究を進めている．どのようにして真珠層をつくり，その輝きと美しさを獲得しているのかについてのプロセスを調べていくと，養殖真珠の開発から約125年もの歴史があるにも関わらず，未解明なことが多いことに気付く．一方，アコヤガイの生物特性を調べていくと，未利用の部分も人間の利用に繋がることがある．こうした有益な知見を利用し，産業価値を創出することができれば，真珠養殖産業全体の発展をさらに推し進めることができる．

アコヤガイの高度利用化では，バイオミメティクスという考えで真珠，真珠貝から学ぶ視点に立つことが重要である．すなわち，アコヤガイの生理機能を理解することにより，アコヤガイ固有の特徴を見出し，さらに，それらの特徴が人々に対して有益であることを見出せれば高度化利用への道は開けるであろう．一方，真珠の効用については，長い歴史の中に伝承医学の中で言い伝えら

---

1)　御木本製薬株式会社
2)　株式会社ミキモト 真珠研究所

れてきた．その真偽を最新科学の視点で紐解き，その説を検証すれば，習俗的な利用から科学的に裏付けのある高付加価値素材へと変えることができる．

真珠養殖産業の持続と発展には，自然との共存が不可欠で，常に環境に対しての負荷低減意識をもって行動することが必要である．しかし，持続的かつ発展的に環境循環のサイクルを回し続けることは難しく，環境活動の定着と発展には，社会全体の意識改革が必要である．そのような中，国際的にも地球規模の環境問題がクローズアップされ，2015 年に国連総会で採択された「持続可能な開発のための 2030 アジェンダ」には，2016 年から 2030 年までの持続可能な開発目標（Sustainable Development Goals：SDGs）が策定され，その 1 つに「14．海の豊かさを守ろう」とする取り組みが明記されている（General Assembly, 2015）．この章の最後には，真珠養殖における環境貢献の可能性についても述べる．

9・1　真珠，真珠貝利用の歴史

天然真珠や真珠貝は，古くから世界各地で美や健康，長寿をもたらす薬として珍重されてきた歴史がある．そのなかでも，動植物や鉱物の利用を記した『本草綱目』には，真珠が目 , 耳，肝臓の機能を改善する効能が記載されている．日本でも中国の本草学の影響で，真珠は眼病や気付けなどの治療薬として用いられてきた．広く知られた「真珠膏」，「真珠丸」など，真珠は伝承医学の薬として用いられ，装飾品としての用途とは異なる利用の歴史が伝えられている

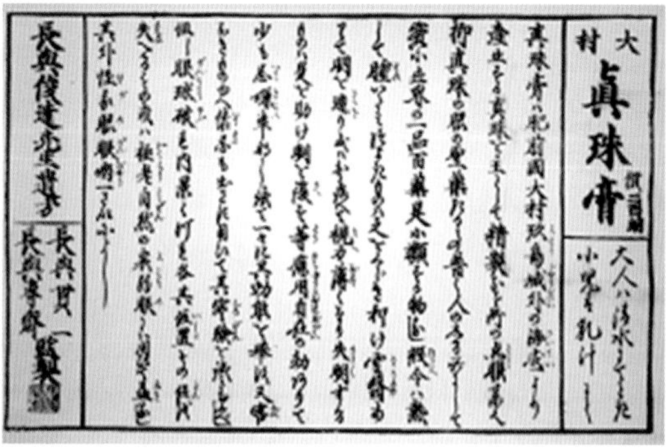

図 9・1　真珠粉を点眼薬として用いた真珠膏
（原資料所蔵：水産研究・教育機構　増養殖研究所）

（藤田，1959）（図9･1）．一方，アコヤガイの貝殻の一部は，真珠層特有の輝きを利用した螺鈿細工や服飾用途の貝ボタンなどの素材として用いられてきた．

その後，御木本幸吉による養殖真珠の生産技術開発により，真珠の生産が産業化されることになる．その結果，大量の真珠が養殖で得られるようになった．一方で，真珠収穫時に真珠貝の貝殻や貝肉なども余剰物として大量に発生してきた．これら余剰物の最初の利用も，御木本の考案による貝殻からのカルシウム製剤の開発であった．製法特許が昭和17年に出願され，カルシウムを主要成分とした医薬品やサプリメントとして利用されている（岩狭ら，1943）．その後，本草綱目を参考に，真珠成分の高度利用が研究され，現在は以下に記載する「もう一つの価値」に示すような利用がなされてきている．

9・2　カルシウムの化粧品への利用

真珠の真珠層は，薄いタンパク質のシートが袋状に形成され，その中にカルシウムが供給，濃縮されて薄片状のアラゴナイト結晶を形成する（Checa, 2000；Marin *et al*., 2007；Cusack and Freer, 2008）．それらが連続的に積層されて真珠層は厚みを増す．真珠表面に（真珠層に）上方から光をあてると，表面で反射する光と，真珠層の中に入射して干渉や屈折を繰り返し，真珠表面に現れる光の光学特性により真珠特有の輝きを放つ．

真珠は，適切な管理の下では，長い年月を経過してもヒビ割れたり，崩れたりすることなく輝き続ける宝石である．正倉院宝物殿には，770年以上前の真珠細工が保管されているが，その真珠は今も真珠の輝きを維持している．1989年に正倉院宝物（真珠）の材質調査が実施され，成分分析から装飾品に用いられている真珠の母貝の多くはアコヤガイと特定された．真珠表面のタンパク質に劣化はみられるが，真珠特有の条線模様が残っていることが確認された（和田ら，1992）．この真珠の輝きは，炭酸カルシウムと有機基質を主成分とするアコヤガイ真珠層特有の積層構造によるもので，層間を接着するタンパク質（コンキオリン）が構造を強固にし，一定の水分量を保持することで真珠を乾燥から守ってきたと推察される．

この真珠層を粉砕した粉末は，カルシウムの結晶化に関与するタンパク質（calcium binding protein）であるコンキオリンを4.5％含有する．これらを同時に食すると体内への取り込みがよいことが知られており，吸収性に優れたカルシウム素材として健康食品などの用途に利用されている．現在も，体内への吸

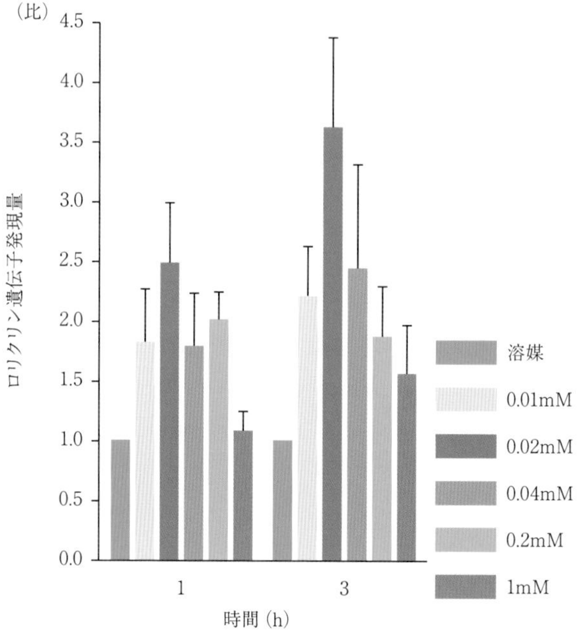

図9・2　コンキオリン加水分解物添加によるロリクリン遺伝子発現量（Niyonsaba *et al.*, 2008より）

収効率について科学的なデータが蓄積されつつあるとともに（Hall and Lehmann, 1944），より効率的な生産方法の開発が行われている（下村・中西, 2002）．なかでも，炭酸カルシウムを主成分とするミネラルは，ヒト皮膚の最外層を形成するケラチノサイトに作用させると，皮膚の角化に関与するロリクリンやS100A7遺伝子の発現を有意に高めることが示された（Niyonsaba *et al.*, 2008；Niyonsaba, *et al.*, 2013）（図9・2）．この結果は，これらの成分が健常な皮膚形成作用を促す作用をもつことを示唆しており，実際，化粧品の皮膚保護剤として利用されている．

9・3　タンパク質の化粧品への利用

真珠層中のコンキオリンは，化粧品原料としても用いられている．コンキオリンは，複数のタンパク質集合体で構成された巨大分子量の構造体であるが，この構造体をアミノ酸および任意の大きさのペプチドにまで加水分解することで，優れた保湿性機能だけでなく，細胞への生理活性機能が発現し，ヒトの皮膚に有用な化粧品用湿潤剤となっている（前山・永井，2014）．皮膚中に存在する天然保湿因子（natural moisturizing factor，NMF）は加齢に伴い減少し，その最外層にある角層において水分を貯留する能力が低下する．そのため，皮膚は乾燥による肌荒れを引き起こすことがある．加齢に伴い不足するNMFを補充するために，コンキオリン加水分解物を皮膚に塗布することで，皮膚に必要な保湿機能を補い，乾燥を予防することができると考えられる．図9·3に両タンパク質のアミノ酸組成を示す．

一方，NMFは，人の皮膚の角層より深部の有棘層から顆粒層で作られるケラトヒアリン顆粒の中にフィラグリンというタンパク質が産生され，このフィラグリンが角化とともに徐々に分解されることで作られる．このNMFの素となるフィラグリンの遺伝子発現量を，コンキオリン加水分解物が一定濃度まで濃度依存的に上昇させることが確認されている（Niyonsaba *et al*., 2010）（図9·4）．この結果は，コンキオリン加水分解物がNMF産生を促進し，皮膚内部からのNMF供給を向上させることを示唆する．すなわち，コンキオリン加水分解物は，皮膚に塗布することで皮膚の内外から保湿力を高め，高機能な保湿剤としての高付加価値化を実現していると考えられる．

浜上げ時に，アコヤガイから真珠と貝柱を取り除いた残りの貝肉には，通称貝ひもと呼ばれる部位，すなわち外套膜が存在する．この外套膜の乾燥重量からコラーゲン含量を調べたところ約20%のコラーゲンが含まれていることが確認された（Hattori *et al*., 2008）．また，アコヤガイ外套膜由来のコラーゲン

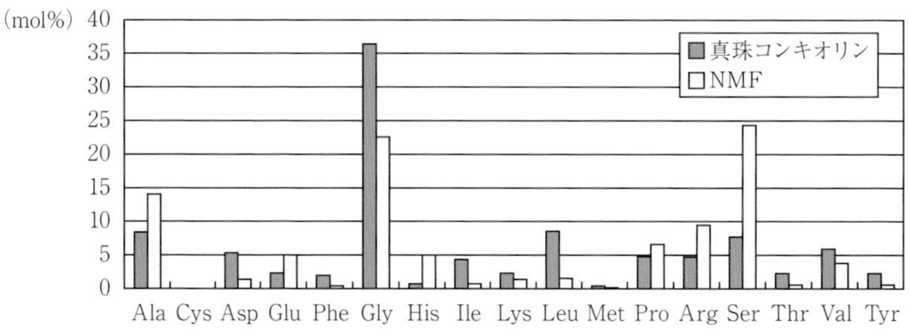

図9・3　真珠コンキオリンとNMFのアミノ酸組成の比較（岡本・前山，2019）

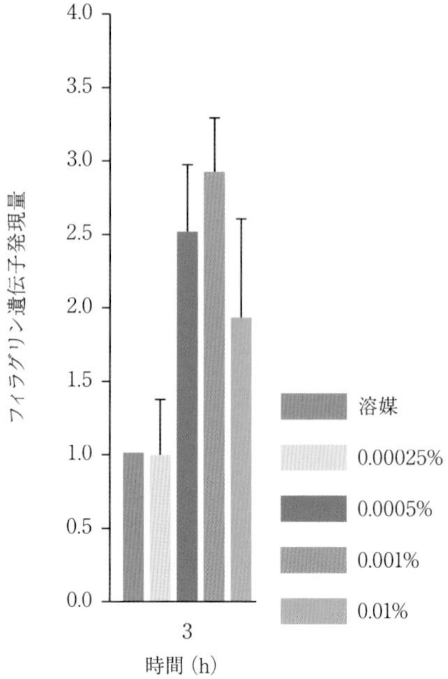

図9・4　コンキオリン加水分解物添加によるフィラグリン遺伝子発現量
（Niyonsaba *et al.*, 2010より）

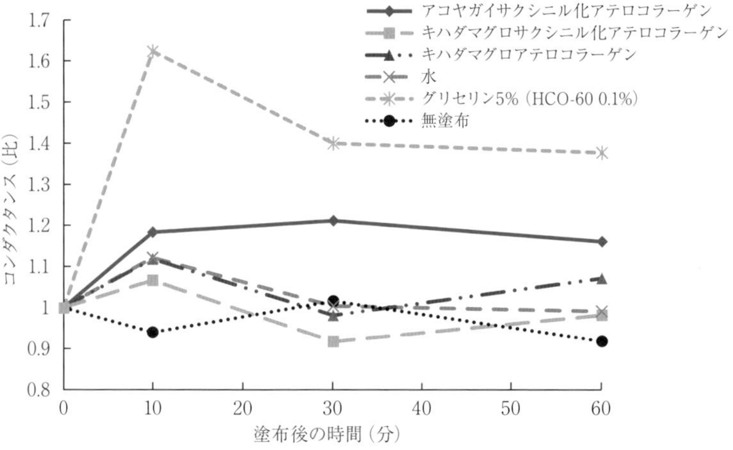

図9・5　コラーゲン塗布時の皮膚水分量変化（服部ら, 2008より引用）

図9・6・1　東京大学本部キャンパス赤門横 UTCC ショップで販売されているパールコラーゲン® シリーズ
店頭の陳列風景

図9・6・2　真珠をイメージした化粧品
東京大学との共同研究成果を商品化したパールコラーゲン® シリーズ

は牛や馬由来のコラーゲンとは分子構造が異なりⅠ型トリマーの構造を形成し，アコヤガイ由来コラーゲンは構造がより柔軟であることが示唆されている．一般に，牛や豚などの高体温を有する哺乳動物由来のコラーゲンは，海洋生物由来コラーゲンとして汎用されるサケ類，サメ類，マグロ由来のコラーゲンに比べ，熱変性温度が高い傾向にあるが，アコヤガイ由来コラーゲンは，海洋生物由来コラーゲンの中での比較では構造安定性が有意に高く，哺乳動物由来のコラーゲンの物性に近い．その特性は，アコヤガイが水生生物の中でも温暖海域に生息するためと思われる．この特性により，アコヤガイ由来コラーゲンはヒトの皮膚の表面温度においても変性されることなく，皮膚上での水分を保持させる力が長く維持されるものと考えられる（上田ら，2003；Hattori *et al.*, 2008）（図 9・5）．これらの皮膚への有用性と真珠関連のイメージのよさから，化粧品の美容剤に利用されている．アコヤガイ由来コラーゲンを素材とする化粧品は，2013 年 4 月に東京大学との共同研究成果（Hattori *et al.*, 2008）から生まれたものとして発売された．現在は，パールコラーゲン® シリーズとして，ボディジェル，フェイスマスク，リップクリーム，ハンドクリーム，UV プロテクター乳液（SPF50，PA++++）（サンスクリーン機能評価専門委員会 , 2006），入浴剤の保湿を訴求した 6 商品に展開されている（図 9・6）．

9・4　新たなる可能性　黄色色素

アコヤガイ由来の真珠の色調には，白色系と黄色系がある．それぞれ特徴的な色合いを示し，どちらも高い価値を有する．しかし，収穫される養殖真珠では，白色にわずかに黄色が混ざる中間的な色調を呈する真珠が数多く産出される．わずかに黄色が混ざることで，市場では商品価値が低くなる傾向にある．一方，こうした黄色系の真珠は，光や熱に対しての退色がほとんどなく，長年に亘っても変化が少なく安定した特徴を有する．

化粧品原料に用いられる黄色系着色剤には，無機系，有機系，カロテノイド系などがある．無機系を除き黄色に発色する色素は，光や熱に対し不安定な物質が多く，特にカロテノイド系は退色と同時に生理活性機能も消失する．アンチエイジングなどの機能性を求める商品ではカロテノイド系の成分を配合することがあり，光による色調変化，有効成分の機能低下を抑制するため，遮光容器を用いたり，低温保存を推奨するなどの制約が必要となる．カロテノイド系で既に実用化されている生理活性機能を有する色素成分では，強い抗酸化力を有するアスタキサンチン（甲殻類やサケの筋肉に含まれているカロテノイド）や抗シワ効果が期待できるβ-カロテン（ニンジンなどに含まれているカロテノイド）などが知られている（矢澤，2009）．

化粧品の着色原料の現状から，アコヤガイ真珠層に含まれる光や熱に安定な黄色色素が活用できれば大変魅力的である．また，この色素成分が皮膚に対して有効な生理活性能を有することが確認できれば，さらに高い価値の多機能素材として期待できる．そこで，アコヤガイの真珠層に含まれる黄色系色素に着目し，色素の抽出，同定，生化学的諸性状の解明を目指した．その詳細は第5章に詳細に述べられている（Kakinuma *et al*., 2020）．そこで筆者らは，アコヤガイ由来の黄色色素を利用し，抗酸化効果や抗シワ効果など，人の皮膚に対する生理活性効果を調べた．調製した黄色色素（HCl-MeOH 抽出液）は塩酸溶液にしか溶解しないため，化粧品への配合性の向上を目的に加水分解物とし，その特性について検討した．アコヤガイ黄色色素は加水分解により若干の退色を示したものの，黄色を呈していた（Kakinuma *et al*., 2020）．また，加水分解物の種々の溶媒に対する溶解性も検討した．その結果，アコヤガイ黄色色素の加水分解物は，エタノールや水などに可溶で，化粧品への配合には扱いやすい物質であることが示唆された．黄色色素とともに黄色色素の加水分解物も化粧品への応用が期待できた（服部ら，2020）．

次に，抽出した黄色色素の安定性と機能性確認試験を実施した．HCl-MeOH 抽出液に含まれる黄色色素の安定性は，黄色色素抽出物を 1N HCl・エタノール溶液に 0.5mg/mL となるように溶解し，人工気象機器（40℃，光強度 27000 lux）および室内照明 300 lux（8 時間/日）の条件で評価した．その結果，黄色色素は熱に安定であることが明らかとなった．一方，光に対しては，人工気象機器の高強度の 27000 lux の光はもとより，室内照明 300 Lux（8 時間/日）の強度においても 2 週間で明らかな退色がみられた．アコヤガイの黄色色素は光に対して真珠層中では安定であるが，真珠層から抽出した状態では退色することから，真珠層中では何らかの成分により色素が安定な状態に保たれていることが推察された．本抽出条件で得られた黄色色素成分を化粧品に応用する場合，熱への対応は必要ないが，容器による遮光などの対応を行う必要がある（服部ら，2020）．

次に，アコヤガイ黄色色素加水分解物の化粧品としての機能性を評価した．美白試験としては，色素細胞特異的転写因子遺伝子（MITF：microphthalmiaassociated transcription factor）（Yasumoto *et al*., 1998）やメラノサイトのデンドライドへの影響（Tomita *et al*., 1987；Hara *et al*., 1995）を，皮膚の表皮細胞および線維芽細胞への影響としては賦活効果を，そして表皮細胞では角化関連タンパク質への影響も併せて検討した．抗酸化試験としては，スーパーオキシドデスムターゼ（SOD）様活性効果を確認した．その結果，美白試験ではデンドライド伸長の抑制効果は確認できなかったが，MITF 遺伝子の発現抑制効果が明らかとなった（服部ら，2020）（図 9・7）．MITF は，メラニン生成に働く酵素であるチロシナーゼや TRP-1 などの遺伝子の転写因子である．アコヤガイ黄色色素加水分解物は MITF の発現を抑制することから，メラニンの生成を抑

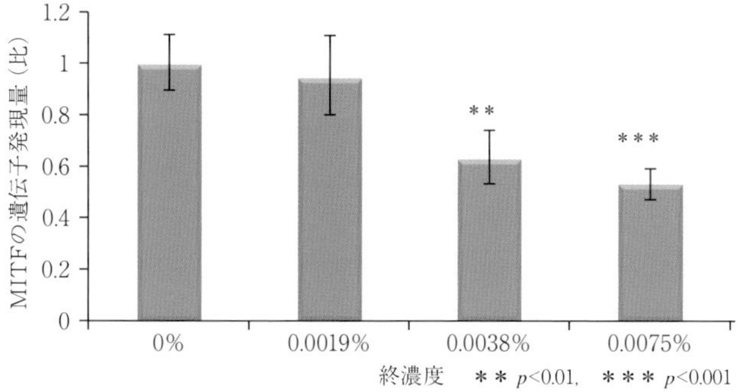

図9・7　黄色色素加水分解物のMITF遺伝子発現への影響
（服部ら，2020）

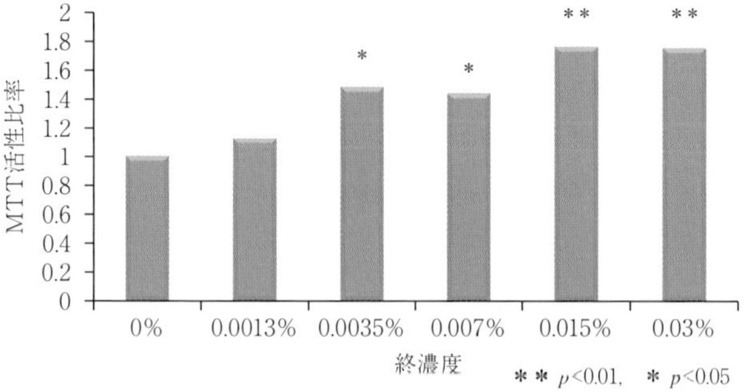

図9・8　黄色色素加水分解物の線維芽細胞への影響
（服部ら，2020）

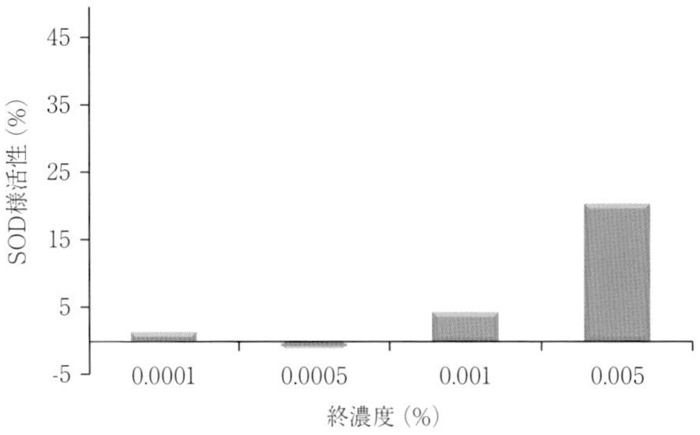

図9・9　黄色色素加水分解物のSOD様活性効果
（服部ら，2020）

制する効果が期待でき，よって美白効果が期待できる．

表皮細胞に対する賦活効果は確認できなかったが，真皮の線維芽細胞の増殖を促進する効果が確認できた（服部ら，2020）（図9・8）．線維芽細胞は真皮のコラーゲンやヒアルロン酸を合成する細胞である．アコヤガイ黄色色素の加水分解物は，この細胞の増殖を促すので，皮膚のハリ感，弾力を向上させる効果が期待できる．また，表皮細胞における角化関連タンパク質への影響では，ロリクリンやケラチン10の遺伝子発現量を高める傾向が示された．黄色色素の加水分解物には，表皮細胞の角化を促し，コーニファイドエンベロープを強化するなど，皮膚バリア機能を高める効果が示唆される．また，SOD様活性を確認したところ，終濃度0.005%において25%の活性効果が確認された．アコヤガイ黄色色素加水分解物は，抗酸化作用も有する可能性が示された（服部ら，2020）（図9・9）．

以上の皮膚への有用性が確認されたことで，アコヤガイ黄色色素の化粧品への配合性について検討した．黄色色素の加水分解物を化粧水およびクリームに配合し，製剤安定性を確認したところ，澱や凝集物などは確認できず，乳化に影響することなく化粧品として安定な製剤を製造できることが示唆された（柿沼ら，2012）．

以上のように，真珠のイメージと生理活性機能を利用して，アコヤガイ貝殻真珠層や貝肉も化粧品に有効に利用されている．ただし，真珠層や貝肉には種々のタンパク質が含まれており，タンパク質の種類によってはアレルギーの原因物質になることがあり，利用に際しては安全性の確認を十分におこなった．化粧品に配合するためには，成分の有用性，安定性，製剤への配合性ならびに製剤中での安定性確認とともに，次のステップとして，ヒト皮膚に対する製剤の安全性および有用性の確認をする必要がある．近年，種々の生物機構を利用した化粧品の製造が盛んにおこなわれており，アレルギーなどのトラブルを引き起こして社会問題になるリスクを常に秘めているので．商品化に際しては，専門家に相談するなどして取り組むことを提案したい．また，化粧品分野においては，動物愛護の観点から，動物代替法により安全性を担保しなければならないことが世界の流れになってきている．その変化の流れは急速で，2013 年 3 月以降に実施されたこれまでの動物実験により安全性を担保した原料およびそれを配合した化粧品は，ヨーロッパ，北米，アジアの国々において，輸出入制限が加わったり，販売や取扱が禁止されるなどの動きが広がりつつある．それらの社会情勢を見据えて，化粧品原料の開発に当たる必要がある．

9・5　循環型社会への提案

以上，真珠，真珠貝から学ぶ視点に立った高度化利用に向けた取り組み例を紹介した．現在も多くの研究者が真珠について , 様々な視点から鋭意研究をおこなっており , アコヤガイの全ゲノム解読を始め , 真珠の形成メカニズムの解明が進みつつある（Kinoshita *et al*., 2011；Watabe *et al*., 2012；Takeuchi *et al*., 2012；Funabara *et al*., 2014；Kubota *et al*., 2017；Ohmori *et al*., 2018；Shinohara *et al*., 2018；Huang *et al*., 2019；Funabara *et al*., 2019）．しかしながら , 真珠の形成メカニズムにはまだまだ未知のところが多く，全容解明には至っていない．今後の研究で , 真珠形成において重要なカルシウム運搬および結晶化の制御メカニズムが明らかにされることで，人間の骨粗しょう症の治療，歯の治療，皮膚形成に役立つ成分の開発など , 幅広い分野への応用が期待される．このように，真珠形成メカニズムの解明は，宝石としての真珠とは異なる領域で人々の健康に役立つ製品の開発に繋がるものと期待される．

これらの取り組みには，真珠養殖産業の持続的発展を意識する必要がある．近年，未利用資源の活用が進められ，真珠養殖中の付着生物や真珠収穫時の残渣は全てコンポスト化が可能となり，農作物の肥料として活用されている（樋口ら，2016）．筆者らが提案する持続可能な循環型社会への取り組みとして，真珠養殖におけるゼロ・エミッション（zero emission）活動がある．化粧品へ

図9・10　ゼロエミッションへの試み（前山．永井，2014；樋口ら，2016より）

の利用も含めて最後に残った部分はコンポスト化されて，陸上生物に利用され，アコヤガイの全てが有効活用される試みがおこなわれている（図 9・10）（前山・永井，2014；樋口ら，2016）．この提案は，国際社会の持続可能な開発目標である SDGs で明記されている 17 の目標の中の「14．海の豊かさを守ろう」に合致する取り組みであるといえよう．

さらに，アコヤガイの真珠，貝殻の主成分は炭酸カルシウムと有機基質である．この炭酸カルシウムは真珠，貝殻の成長過程で海水中に溶存するカルシウムイオンと大気中から海水に溶解される二酸化炭素から結晶化されている．まさに地球温暖化の原因物質とされる二酸化炭素を真珠，貝殻の形成過程で固定しているといっても過言ではないであろう（Yasumoto *et al*., 2014）．すなわち真珠養殖により，陸から流入される窒素，リンを栄養分としてプランクトンが増殖し，それをアコヤガイが摂餌する．アコヤガイ成長の過程で，排泄物はプランクトンの増殖に利用され，貝に付着する有機物は，貝掃除作業で取り除かれ，除去物は陸揚げされてコンポスト化される．他方，アコヤガイの成長に伴う真珠や貝殻の形成では，海水中のカルシウムを主とするミネラル成分と，海水中に溶存する二酸化炭素により，美しく輝く真珠層が形成される．養殖真珠から得られる真珠，貝殻，貝柱とその他の軟体部は，それぞれの用途で利用されることから，地球環境の保全に貢献する産業であるといえるのではないだろうか．海洋生物の炭酸カルシウム形成が，二酸化炭素の放出を伴うとする見方があるが（Ware *et al*., 1992），海洋生物の炭酸カルシウム形成はアルカリ条件下で起こり（Crenshaw, 1972；Barott *et al*., 2017），アルカリ条件下で起こる炭酸カルシウムの形成は二酸化炭素の放出を伴わない．2019 年 6 月に経済産業省がまとめた「カーボンサイクル技術ロードマップ」に，二酸化炭素を炭酸塩へと変換する技術開発を推進することが明記されたが（経済産業省，2019），アコヤガイをはじめとする海洋生物の炭酸カルシウム形成機構から学ぶことは多い．この地球温暖化問題の対策の一助となる二酸化炭素固定による結晶が，美しく輝く真珠であれば，さらに心を豊かにする．

真珠，真珠貝は，宝飾として装いを美しく，化粧品への利用では肌を美しく輝かせ（岡本・前山，2019），貝柱はおいしい食材として，最後のコンポストの利用では，トマトなどの食材を美味しくしてくれる．まさに人々の心と身体を纏い，美しく輝かせてくれる産物である．

謝　辞

ここで紹介した一連の研究を遂行するにあたり，ご指導ならびにご協力いただいた東京大学 渡部終五名誉教授，三重大学 加納 哲教授，柿沼 誠教授，北里大学 安元 剛講師に深く感謝する．

文　献

赤松　蔚，小松　博，小泉千秋，野中順三九．黄色系真珠と白色系真珠における糖成分の相違．日水誌　1977; **43**: 773-777.

Barott KL, Barron ME, Tresguerres M. 2017 Identification of a molecular pH sensor in coral. *Proc. Royal Soc. B: Biol. Sci.* 2017；**284**, 20171769.

Checa A. A new model for periostracum and shell formation in Unionidae (Bivalvia, Mollusca). *Tissue Cell* 2000; **32**: 405-416.

Cusack M, Freer A. Biomineralization: elemental and organic influence in carbonate systems. *Chem. Rev.*, 2008；**108**：4433-4454.

Crenshaw MA. (1972). The inorganic composition of molluscan extrapallial fluid. *Biol Bull.* 1972；**143**：506-512.

藤田　正．「真珠膏」・「真珠丸」について．真珠研究会 1956；**26**：8-10.

福富有馬．化粧品添加物による食物アレルギー．*IRYO* 2016; **70**: 85-88.

Funabara D, Miyashita N, Nagai K, Maeyama K, Kanoh S. Electroextraction of insoluble proteins from the organic matrix of the nacreous layer of the Japanese pearl oyster, *Pinctada fucata*. *Methods Protoc*. 2019; **2**: 37.

Funabara D, Ohmori F, Kinoshita S, Koyama H, Mizutani S, Ota A, OsakabY, Nagai K, Maeyama K, Okamoto K, Kanoh S, Asakawa S, Watabe S. Novel genes participating in the formation of prismatic and nacreous layers in the pearl oyster as revealed by their tissue distribution and RNA interference knockdown. *PLoS ONE* 2014; **15**: e84706.

General Assembly. Transforming Our World：the 2030 Agenda for Sustainable Development. United Nations (2015).

Hall TC, Lehmann H. Experiments on the practicability of increasing calcium absorption with protein derivatives. *Biochem. J.* 1944; **38**: 117-119.

Hattori F, Maeyama K, Kanoh S, Izume M, Watabe S. Characterization of chemically modified pearl oyster collagen implicated for cosmetics material (Abstract). The 5th World Fisheries Congress, Yokohama, Japan, October 20-24, 2008.

服部文弘，前山　薫，岡本暉公彦，永井清仁，柿沼　誠，渡部終五，安元　剛．黄色真珠様色素．特開 2017-137225. 2017-08-10（2017）.

服部文弘，濱口雅則，前山　薫，永井清仁，柿沼 誠，渡部終五，安元　剛．MITF 遺伝子発現抑制剤，線維芽細胞増殖促進剤，SOD 様活性剤 . 特願 2020-016817，2020-62-04（2020）.

樋口恵太，永井清仁，服部文弘，前山　薫，瀬川　進，本城凡夫．真珠養殖廃棄物のコンポスト化とその有効利用 . 日水誌　2016; **82**: 608-618.

Huang S, Ichikawa Y, Yoshitake K, Kinoshita S, Igarashi Y, Omori F, Maeyama K, Nagai K, Watabe S, Asakawa S. Identification and characterization of microRNAs and their predicted functions in biomineralization in the pearl oyster (*Pinctada fucata*). *Biology* 2019; **8**: 47.

岩狹興二郎，高岡　齊，御木本美隆．「コンキオリン」蛋白質含有「コロイド」性燐酸「カルシウム」ノ製法．特公昭 18-000776．1943-02-20（1943）.

柿沼　誠，前山　薫，服部文弘．食品または化粧料の原料およびこれを配合した食品または化粧料．特開 2012-167036. 2012-09-06.（2012）.

柿沼　誠，前山　薫，服部文弘，岡本暉公彦，永井清仁．化粧品原料の製造方法．特許第 5844979 号．2016-01-20（2016）.

Kakiunma M, Yasumoto K, Suzuki M, Kasugai C, Koide M, Mitani K, Shidoji K, Kinoshita S, Hattori F, Maeyama K, Awaji M, Nagai K, Watabe S. Trivalent iron is responsible for the yellow color development in the nacre of Akoya pearl oyster shells. *Mar. Biotechnol.*, 2020; **22**: 19–30.

カーボンリサイクル技術ロードマップ 経済産業省（2019）.

化粧品の安全性評価に関する指針　薬事日報社（2001）.

Kinoshita S, Wang N, Inoue H, Maeyama K, Okamoto K, Nagai K, Kondo H, Hirono I, Asakawa S, Watabe S. Deep sequencing of ESTs from nacreous and prismatic layer producing tissues and a screen for novel shell formation-related genes in the pearl oyster. *PLoS ONE*, 2011; **6**: e21238.

Koizumi C, Nonaka J. Yellow pigments of pearl- Ⅰ.Carotenoid pigment in yellownacre. *Nippon Suisan Gakkaishi* 1970; **36**: 1054-1058.

Koizumi C, Nonaka J. Yellow pigments of pearl- Ⅱ.HCL-methanol soluble yellowpigment. *Nippon Suisan Gakkaishi* 1970; **36**: 1059-1066.

Kubota K, Tsuchihashi Y, Kogure T, Maeyama K, Hattori F, Kinoshita S, Sakuda S, Nagasawa H, Yoshimura E, Suzukia M. Structural and functional analyses of a TIMP and MMP in the ligament of *Pinctada fucata*. *J. Struct. Biol.*, 2017 ; **199**: 216–224.

前山　薫，加納　哲，岡本暉公彦，服部文弘，永井清仁，船原大輔，阪井田和則．皮膚角化促進剤およびこれを配合した皮膚外用剤．特開 2013-16671（2013）.

前山　薫，永井清仁．養殖廃棄物の高度化利用による環境負荷低減．真珠研究の最前線．恒星社恒星閣　2014: pp 87-99.

Marin F, Luquet G, Marie B, Medakovic D. Molluscan shell proteins: primary structure, origin, and evolution. *Currt. Topic Develop. Biol.*, 2007；**80**：209-276.

中井信行．化粧品原料の製造方法．特開昭 62-223104.　1987-10-01（1987）.

Niyonsaba F, Hattori F, Maeyama K, Ogawa H, Okamoto K. Induction of a microbicidal protein psoriasin (S100A7), and its stimulatory effects on normal human keratinocytes. *J. Dermatol. Sci.*, 2008; **52**: 216-219.

ニヨンサバフランソワ，小川秀興，岡本暉公彦，前山　薫，服部文弘．皮膚角化促進剤．特開 2010-105925.　2010-05-13（2010）.

ニヨンサバフランソワ，小川秀興，岡本暉公彦，服部文弘，阪井田和則．皮膚角化促進剤．特許第 5219038 号．2013-06-26（2013）.

岡本輝公彦 , 前山　薫．コスメティックスの化学．共立出版　2019.

Ohmori F, Kinoshita S, Funabara D, Koyama H, Nagai K, Maeyama K, Okamoto K, Asakawa S, Watabe S. Novel isoforms of N16 and N19 families implicated for the nacreous layer formation in the pearl oyster *Pinctada fucata*. *Mar.Biotechnol*. 2018 ; **20**: 155-167.

沢田保夫 . 真珠の黄色色素の研究．国立真珠研究所報告 1961; **7**: 865-869.

沢田保夫 . 真珠の色調に関する研究．国立真珠研究所報告 1962; **8**: 913-919.

サンスクリーン機能評価専門委員会．サンスクリーン製品の新規効能表現に関するガイドライン．香粧会誌 2006; **30**: 338-344.

下村　肇，中西　孝．アコヤ貝真珠層粉末を得る方法．特開 2002-338430.　2002-11-27（2002）.

Shinohara M, Kinoshita S, Tang E, Funabara D, Kakinuma M, Maeyama K, Nagai K, Awaji M, Watabe S, Asakawa S. Comparison of two pearl sacs formed in the same recipient oyster with different genetic background involved in yellow pigmentation in *Pinctada fucata*. *Mar.Biotechnol*. 2018; **20**: 594-602.

高木 豊．真珠に関する生化学的研究（第 6 報）．あこや貝の色素（2）（porphyride について）．日化誌 1956; **77**: 1707-1712.

Takeuchi T, Kawashima T, Koyanagi R, Gyoja F, Tanaka M, Ikuta T, Shoguchi E, Fujiwara M, Shinzato C, Hisata

K, Fujie M, Usami T, Nagai K, Maeyama K, Okamoto K, Aoki H, Ishikawa T, Masaoka T, Fujiwara A, Endo K, Endo H, Nagasawa H, Kinoshita S, Asakawa S, Watabe S, Satoh N. Draft genome of the pearl oyster *Pinctada fucata*: a platform for understanding bivalve biology. *DNA Res*., 2012; **19**:117-130.

Tomita Y, Iwamoto M, Masuda T, Tagami H.Stimulatory effect of prostaglandin E2 on the configuration of normal human melanocytes *in vitro*. *J.Invest.Dermatol*., 1987; **89**: 299-301.

上田清資，下村健次，多田貴広，中山慎也，加納　哲．医薬品，医薬部外品，化粧品および食品．特開 2003-095854．2003-04-03（2003）．

和田浩爾，赤松　蔚，松田泰典．宝物真珠の材質調査報告，正倉院年報．1992；No. 14：21-32.

Ware JR, Smith SV, Reaka-Kudla ML. Sources or sinks of atmospheric CO_2? Coral Reefs 1992; **11**:127-130.

渡部終五，木下滋晴，浅川修一，淡路雅彦，永井清仁，岡本暉公彦，前山　薫．白色系又は黄色系真珠形成遺伝子．特開 2017-163848．2017-09-21（2017）．

Watabe S, Maeyama K, Nagasawa H. Recent Advances in Pearl Research. Proceedings of the International Symposium on Pearl Research 2011. TERRAPUB. 2012.

Yasumoto K, Amae S, Udono T, Fuse N, Takeda K, Shibahara S. A big gene linked to small eyes encodes multiple Mitf isoforms:many promoters make light work. *Pig. Cell Melanoma Res*. 1998; **11**: 329-336.

Yasumoto K, Yasumoto-Hirose M, Yasumoto J, Murata R, Sato S, Baba M, Mori-Yasumoto K, Jimbo M, Oshima Y, Kusumi T, Watabe S. Biogenic polyamines capture CO_2 and accelerate extracellular bacterial $CaCO_3$ formation. *Mar.Biotechnol*., 2014; **16**: 465-474.

矢澤一良．アスタキサンチンの科学．成山堂書店（2009）．

おわりに

先に，編者らは真珠養殖の技術開発120周年を記念して，2011年10月に東京にて真珠研究国際シンポジウムを開催した．これは，編者らが2011年6月に世界に先駆けて発表したアコヤガイ真珠層形成遺伝子の網羅的解析の成果を受けたものでもあった．翌年2012年2月には沖縄科学技術大学院大学によりアコヤガイ全ゲノム解析の成果も発表された．今回は，125周年に合わせて，また，その後の遺伝子解析の進展の成果も踏まえて，北里大学海洋生命科学部，沖縄科学技術大学院大学，ミキモトグループ（株式会社ミキモト，株式会社御木本真珠島，御木本製薬株式会社）の共同主催，水産庁，三重県，鳥羽市，志摩市，南伊勢町，日本真珠振興会，真珠産業連携強化協議会，日本水産学会，マリンバイオテクノロジー学会の後援で，養殖真珠の発祥の地である鳥羽市のミキモト真珠島において，2018年11月30日，12月1日の2日間にわたり，真珠研究シンポジウム2018を開催した（資料1）．シンポジウムには「真珠研究の今を伝える」の副題もつけられ，全国から大会会場の真珠博物館ミュージアムホールの収容人数をオーバーする107名が参加した．初日は開催趣旨の説明で始まり（資料2），御木本創業の流れを汲む株式会社ミキモトの吉田均社長，わが国の真珠産業を束ねる日本真珠振興会の大月京一会長の挨拶があった．資料3は挨拶，講演などを行った参加者が御木本幸吉翁の銅像の前に集合して撮影した記念写真である．その後の講演はプログラムに示したとおりである（資料4）．今までの真珠研究の成果と，今後の課題が示された．また，会場では活発な意見が交わされ，これからは研究者と業界関係者とが一同に介して密接な議論ができるような場が望まれる，といったご意見が出されるなど，今後の真珠研究の指針が示された．

本書はこのシンポジウムの講演の内容を取りまとめたものである．プログラムの詳細や講演要旨集は https://www.kitasato-u.ac.jp/jp/mb/pearl2018/ をご参照頂ければ幸いである．

本シンポジウムは，共催機関や実行委員会のメンバー（資料5）の暖かいご支援により，成功裏に終了した．水産庁のほか，三重県をはじめとする開催地の自治体や真珠業界の方々にも大変お世話になった．ここに関係者の皆様に厚く御礼申し上げる.

2019 年 12 月 12 日

渡部終五・永井清仁・前山　薫

資料 1　シンポジウムポスター

資料２　真珠研究シンポジウムの開会挨拶

資料３　御木本幸吉翁の銅像前での記念撮影

資料4　プログラム

プログラム（発表者のみ記載）

講演（口頭）

11月30日（金）

13：00　開会の挨拶　渡部終五（シンポジウム実行委員長、北里大学海洋生命科学部）

13：10　挨拶　吉田　均（株式会社ミキモト）

13：20　挨拶　大月京一（日本真珠振興会）

座長：浅川修一（東京大学大学院農学生命科学研究科）

13：30　1「養殖真珠研究の歩み」　永井清仁（株式会社ミキモト 真珠研究所）

14：10　2「アコヤガイ外套膜細胞の機能と真珠層形成」　淡路雅彦（水産研究・教育機構増養殖研究所）

14：50　休憩

座長：古丸　明（三重大学大学院生物資源学研究科）

15：10　3「ゲノムから探るアコヤガイの進化」　竹内　猛（沖縄科学技術大学院大学）

15：50　4「アコヤガイ母貝の系統保存」　三浦　猛（愛媛大学大学院農学研究科）

16：30　5「真珠層の色調関連成分の化学分析」　柿沼　誠（三重大学大学院生物資源学研究科）

12月1日（土）

座長：宮本裕史（近畿大学生物理工学部）

09：30　6「真珠層の色調を決定する遺伝子」　木下滋晴（東京大学大学院農学生命科学研究科）

10：10　7「真珠層形成の機能タンパク質」　鈴木道生（東京大学大学院農学生命科学研究科）

10：50　8「アコヤガイの赤変病研究の現状」　松山知正（水産研究・教育機構増養殖研究所）

11：30　9「アコヤガイ真珠収穫後の未利用成分の有効利用」　前山　薫（御木本製薬研究所）

12：10　閉会の挨拶 佐藤矩行（シンポジウム実行副委員長、沖縄科学技術大学院大学）

講演（ポスター）

11月30日（金）　17：10～18：00

P1　「ピース貝の貝殻結晶層厚で真珠の干渉色をコントロールする」　小田原和史（愛媛県農林水産研究所水産研究センター）

P2　「アコヤガイの結晶層厚計測装置の試作」　尾崎良太郎（愛媛大学工学部）

P3　「持続可能な真珠養殖におけるゼロエミッションの試み」　前山　薫（御木本製薬研究所）

P4　「体表面粘液ムコ多糖を指標としたアコヤガイ低水温耐性評価方法の検討」　樋口恵太（株式会社ミキモト 真珠研究所）

P5　「アコヤガイの家系間における生殖サイクルの違い」　橋本直樹（株式会社ミキモト 真珠研究所）

P6　「アコヤガイ真珠形成におけるピース貝の影響の検討」　篠原幹拓（東京大学大学院農学生命科学研究科）

P7　「アコヤガイ真珠層の黄色度と真珠層タンパク質成分の相関性について」　舩原大輔（三重大学大学院生物資源学研究科）

P8　「黄色系アコヤガイ貝殻真珠層中のFe分布」　安元　剛（北里大学海洋生命科学部）

P9　「二枚貝の幼生・成体殻の比較プロテオミクスから探る貝殻形成の進化」　竹内　猛（沖縄科学技術大学院大学）

P10　「アコヤガイ真珠袋および真珠形成過程の遺伝子発現プロファイル」　木下滋晴（東京大学大学院農学生命科学研究科）

P11　「高カルシウム濃度の海水がアコヤガイ真珠層の形成に与える影響の解析」　鈴木道生（東京大学大学院農学生命科学研究科）

P12 「アコヤガイの体細胞および生殖組織における 30 塩基長の小分子 RNA の発現パターン」 浅川修一（東京大学大学院農学生命科学研究科）

意見交換会
11 月 30 日（金） 18：00 ～ 20：00 レストラン阿波幸（ミキモト真珠島内）

施設見学
12 月 1 日（土） 13：00 ～ 株式会社ミキモト 真珠研究所・多徳養殖場

資料 5 真珠研究シンポジウム 2018 実行委員会

委員長
渡部終五（北里大学海洋生命科学部）

副委員長
佐藤矩行（沖縄科学技術大学院大学）
須藤雄二（日本真珠振興会）
永井清仁（株式会社ミキモト 真珠研究所）
前山 薫（御木本製薬研究所）

幹 事
池田大介（北里大学海洋生命科学部）
岩橋徳典（株式会社ミキモト 真珠研究所）
大森文人（御木本製薬研究所）
木下滋晴（東京大学大学院農学生命科学研究科）
安元 剛（北里大学海洋生命科学部）

委 員
赤松 蔚（日本真珠振興会）
淡路雅彦（水産研究・教育機構増養殖研究所）
浅川修一（東京大学大学院農学生命科学研究科）
加納 哲（三重大学）
柿沼 誠（三重大学大学院生物資源学研究科）
釜石 隆（水産研究・教育機構増養殖研究所）
古丸 明（三重大学大学院生物資源学研究科）
小林敬典（水産研究・教育機構本部）
鈴木道生（東京大学大学院農学生命科学研究科）
長澤寛道（東京大学）
畑 直亞（三重県）
舩原大輔（三重大学大学院生物資源学研究科）
正岡哲治（水産研究・教育機構増養殖研究所）
三浦 猛（愛媛大学大学院農学研究科）
宮本裕史（近畿大学生物理工学部）

【事務局】
水澤奈々美（北里大学海洋生命科学部）
川合勇美子（北里大学海洋生命科学部）
中谷操子（東京大学大学院農学生命科学研究科）

【事務局・連絡先】
〒 252-0373 神奈川県相模原市南区北里 1-15-1
北里大学海洋生命科学部海洋ゲノム科学研究室

索　引

ア行

カ行

サ行

タ行

ナ行

ハ行

マ行

ヤ行

ラ行

アルファベット・数字

A

B

C

D

F

G

I

L

M

N

P

R

S

T

U

V

X

Z

真珠研究《しんじゅけんきゅう》の今《いま》を伝《つた》える

真珠養殖《しんじゅようしょく》125周年《しゅうねん》を記念《きねん》して

2020年3月25日　初版第1刷発行

定価はカバーに表示

編　者　渡《わた》部《べ》終《しゅう》五《ご》
永《なが》井《い》清《きよ》仁《ひと》
前《まえ》山《やま》　薫《かおる》

発行者　片岡一成

発行所　株式会社 **恒星社厚生閣**

〒160-0008　東京都新宿区四谷三栄町3-14
Tel　03-3359-7371　Fax　03-3359-7375
http://www.kuuseisha.com/

印刷・製本：㈱ディグ

ISBN978-4-7699-1646-8 C3062

Ⓒ Shugo Watabe, Kiyohito Nagai, kaoru Maeyama　2020 printed in Japan

JCOPY 〈出版者著作権管理機構　委託出版物〉

本書の無断複写は著作権法上での例外を除き禁じられています。複写される場合は，その都度事前に，出版者著作権管理機構（電話 03-5244-5088，FAX03-5244-5089，e-mail:info@jcopy.or.jp）の許諾を得て下さい。

好評発売中

真珠研究の最前線
高品質真珠生産への展望

淡路雅彦・古丸　明・舩原大輔　編
A5・160 頁
定価（本体 3,600 円＋税）

アコヤガイを用いた真珠養殖は、赤潮や赤変病の発生、諸外国産との競合や国際的な経済変動などの影響で厳しい経営が続いている。本書は、高品質真珠生産、漁場環境の保全、疾病の防除を課題に、遺伝子やゲノム情報などの新しい技術開発にふまえ真珠生産の今後の展望を解説する。

増補改訂版
養殖の餌と水　影の主役たち

杉田治男　編著
A5 判・214 頁
定価（本体 2,700 円＋税）

これまで、餌料生物学などの教科書として好評を博した前著に、近年魚類の栄養や生理において重要な役割を果たしていると言われているタウリンそして DHA の機能に関する章を新たに加え、テキストとしての内容充実をはかった。大学、講習会のなどのテキストに最適。

水圏生化学の基礎

渡部終五　編
B5 判・245 頁
定価（本体 3,800 円＋税）

進展著しい生化学分野の基礎をコンパクトにまとめる。最新の知見はもとより教育上の要請を十分取り込み、本文中のコラム、巻末の解説頁で重要事項を丁寧に説明した本書は、生化学を学ぶ方の恰好のテキスト。生体分子の基礎、タンパク質、脂質、核酸と遺伝子など。

魚介類の微生物感染症の治療と予防

青木　宙　編著
B5 判・504 頁
定価（本体 12,000 円＋税）

本書は、魚病学研究の第一人者による最新情報に基づいた微生物感染症の治療と予防に関するハンドブック。内容は，魚介類の細菌感染症と診断法、魚介類のウイルス感染症と診断法、水産用抗菌剤・消毒剤、魚介類の生体防御機構、ワクチン、免疫賦活剤など。

養殖・蓄養システムと水管理

矢田貞美　編著
A5 判・248 頁
定価（本体 4,300 円＋税）

「海水」を利用した養殖および蓄養における魚肉質の低下をいかに防ぐか。そのための実用的な養蓄システムおよび水管理技術を、現場を熟知した第一線の専門家が紹介。養殖・蓄養に携わる方、そしてこれから水管理技術を学ぼうとする方にとっての必携書。

恒星社厚生閣